高等院校信息技术系列教材

云计算与微服务

（微课版）

杨　磊 ◎ 主编　　王一悦 ◎ 副主编

汪美霞　汤晓兵　黄　玉　李真河
卢希乐　周　凯　冀忠祥　高　俊 ◎ 参编

清華大学出版社
北　京

内容简介

本书在构建Spring Cloud框架时,使用Nacos作为配置中心,Nacos是阿里巴巴公司开源的配置中心,是替代Eureka的一种技术方案;使用OpenFeign作为声明式客户端,实现远程服务间调用,OpenFeign在原本Feign的基础上支持Spring MVC的注解;使用Sentinel作为服务治理,实现熔断、降级、限流、链路追踪等;使用Gateway作为微服务网关,Gateway在原本Netflix公司开发的Zuul基础上,支持更多的功能,也更强大;使用Seata处理分布式事务。此外,本书还将介绍一些微服务相关的技术和工具。

本书适合学习微服务架构的开发人员、架构师和运维人员阅读。对于初学者,本书将帮助读者快速入门;对于已经掌握了Java语言基础知识的读者,本书将为读者提供更深入的理论和实践经验。

图书在版编目(CIP)数据

云计算与微服务:微课版/杨磊主编. —北京:清华大学出版社,2024.2
高等院校信息技术系列教材
ISBN 978-7-302-65497-1

Ⅰ.①云… Ⅱ.①杨… Ⅲ.①云计算－高等学校－教材 ②互联网络－网络服务器－高等学校－教材 Ⅳ.①TP393.027 ②TP368.5

中国国家版本馆CIP数据核字(2024)第020953号

责任编辑:白立军 杨 帆
封面设计:何凤霞
责任校对:王勤勤
责任印制:沈 露

出版发行:清华大学出版社
网 址:https://www.tup.com.cn,https://www.wqxuetang.com
地 址:北京清华大学学研大厦A座 **邮 编**:100084
社 总 机:010-83470000 **邮 购**:010-62786544
投稿与读者服务:010-62776969,c-service@tup.tsinghua.edu.cn
质量反馈:010-62772015,zhiliang@tup.tsinghua.edu.cn
课件下载:https://www.tup.com.cn,010-83470236
印 装 者:三河市铭诚印务有限公司
经 销:全国新华书店
开 本:185mm×260mm **印 张**:12.75 **字 数**:302千字
版 次:2024年2月第1版 **印 次**:2024年2月第1次印刷
定 价:49.00元

产品编号:101483-01

前言 Foreword

习近平总书记在党的二十大报告中指出：教育、科技、人才是全面建设社会主义现代化国家的基础性、战略性支撑。必须坚持科技是第一生产力、人才是第一资源、创新是第一动力，深入实施科教兴国战略、人才强国战略、创新驱动发展战略，这三大战略共同服务于创新型国家的建设。报告同时强调：推动战略性新兴产业融合集群发展，构建新一代信息技术、人工智能、生物技术、新能源、新材料、高端装备、绿色环保等一批新的增长引擎。

"微服务"并不是一种新技术，而是一种进阶的架构体系，是当今软件开发领域最流行的架构风格之一。它使软件系统能够更加灵活、可伸缩和可维护，从容应对现代业务需求的变化。然而，微服务架构并不是一种能被轻松实现的架构，因为它需要开发人员掌握许多新技术，以此才能够成功构建一个具有可靠性、弹性的微服务系统。

本书是一本面向开发人员、架构师和运维人员的权威指南，旨在帮助读者深入了解微服务架构，并教授他们构建和维护可靠的微服务系统。

本书共分为10章。首先介绍了微服务架构的基本概念。接着，深入探讨了微服务系统的各方面，包括微服务的设计、开发、测试、部署和监控等，以及如何应对微服务系统中的常见问题。

无论是面向有经验的开发人员还是刚开始接触微服务架构的初学者，本书都是一本不可或缺的指南。它将帮助读者了解微服务架构的核心原理、技术和最佳实践，从而构建高可靠性、高性能和可维护的微服务系统。

本书由杨磊担任主编，王一悦担任副主编，汪美霞、汤晓兵、黄玉、李真河、卢希乐、周凯、冀忠祥、高俊参与全书的编写工作，由高俊完成全书内容的整理工作。

技术没有最好，只有更好。如书中所讲技术有不严谨之处，敬请读者批评指正。保持谦逊，坚持学习是每个IT从业者应有的态度。

特别感谢山东易途信息科技有限公司（简称易途科技）为编写本书做出的重大贡献。自成立以来，易途科技教学部团队一直致力于打造Java全栈精品课程资源，不断更新教学资源，创新教学方式与教学理念，总结教学经验，为每个易途学员提供最前沿、最优质的软件技术培训服务。

编　者

2023年12月

目录 Contents

第1章 chapter 1

微服务介绍

本章学习目标

- 了解微服务
- 了解微服务的特点
- 选择微服务的理由

在学习 Spring Cloud 之前,首先要了解微服务、为什么会有微服务、微服务解决了什么问题。带着这些疑问去学习将能更好地理解微服务的意义,也会为日后学习 Spring Cloud 理清思路。

1.1 什么是微服务

微服务全称微服务架构,是一种设计 IT 系统架构的方式和策略。它可以根据功能或服务将一个独立的系统拆分成多个小型系统,也就是多个小型服务,使这些小型系统各自独立运行。而这些小型服务每个都有自己的数据存储、核心业务,都是独立部署的,这些小型服务之间通过基于 HTTP 的 RESTful API、RPC 等通信,以确保这些小型服务能组成一个完整的服务并健全地运行。

举个例子,一个餐厅可以被看作一个微服务架构。在这个例子中,厨房、服务员、收银台等都可以看作一个单独的服务,这些服务都有自己独立的职责和功能,都可以独立运行,也可以与其他服务协同工作,以便提供完整的餐饮服务。在餐厅中,厨房负责准备食物,服务员负责服务客人,收银台负责处理付款等事务,三者都是独立的,可以独立运行,也可以相互通信协作,例如服务员可以向厨房发出请求。

1.1.1 为什么会有微服务

传统的系统架构通常是大型项目,所有的代码和功能都被打包在一起,共用统一的数据库,最终会被打包成一个 war 包,在一个进程下运行。这样开发虽然部署简单,也易于管理,但是相对会有以下缺点。

（1）可扩展性差。传统单体应用在设计上早已经固定，当业务模块访问量暴增时，开发者需要把整个系统打包为分布式架构，而不能针对特定的模块扩展。对业务功能的扩展，随着业务越来越庞大，传统单体系统的扩展将会越来越困难。

（2）系统复杂度高。随着业务的发展，传统单体应用会大幅增加，如果相关人员发生变化，代码也会变得越来越难维护，并且每次改动都可能影响整个系统健康运行。

（3）耦合度高。传统单体应用代码耦合度太高，每次要修改代码时，人们都需要先将系统关闭，然后更新代码再重新启动，而大型项目每次的更新重启都要消耗大量时间甚至会影响业务，并且一个功能模块的问题有时候可能会导致整个系统崩溃，造成损失。

（4）协作成本高。开发传统大型项目时，开发者会根据功能划分工作，每次更新代码时总会出现各种代码合并冲突。

微服务架构就是为了解决传统单体应用的上述问题而被设计出来的。由于微服务架构的应用被拆分成了许多小而独立的服务，并且每个小型服务将只负责一个或一组相关的业务功能，所以它们可以被独立部署、扩展和管理。它们的优点体现在以下几点。

（1）灵活性高。微服务架构的灵活性不仅体现在其可以将程序分解为小型服务，降低了服务之间的依赖关系，更多的是各个微服务在设计时就可以根据不同的功能和需求选择更合适的技术和框架，不同的微服务可以选择不同的语言、数据库，而且不影响未来整体的业务功能。

（2）易于理解和维护。由于每个微服务只负责一个或一组相关的业务功能，因此其代码库和业务逻辑都将变得更加简单和容易理解。每个微服务可以由一个小团队负责，这将有助于团队更好地关注自己的核心业务，也更容易维护自己的代码。

（3）易于扩展。由于微服务的每个服务是相对独立的，因此不管是横向的功能扩展还是纵向的吞吐量扩展，或者修改删除部分功能，都是可以不对其他服务产生影响的。

下面用两张图展示传统单体架构和微服务架构的区别，如图 1-1、图 1-2 所示。

当然，微服务也不是十全十美的，其在解决问题的同时也引入了新的问题。微服务的缺点有以下几点。

（1）分布式系统的复杂性。微服务架构中的每个服务都是独立的，它们之间的通信需要调用网络，因此整个系统的复杂性会增加。对开发和维护人员而言，构建和管理微服务架构需要更高的技术要求和更深入的知识。

（2）服务间通信延迟。由于服务间通信是通过网络进行的，因此网络延迟是不可避免的。网络延迟受多种因素影响，包括数据传输距离、网络拥塞、网络质量等，特别是在分布式系统中，如果服务被部署在不同的地理位置或云服务提供商，那么网络延迟可能更加明显。

（3）部署和测试的复杂性。由于微服务架构中有多个服务、每个服务都是独立部署和测试的，因此这会增加部署和测试的复杂性。微服务架构需要确保每个服务都能正常运行，并且与其他服务相互协作。

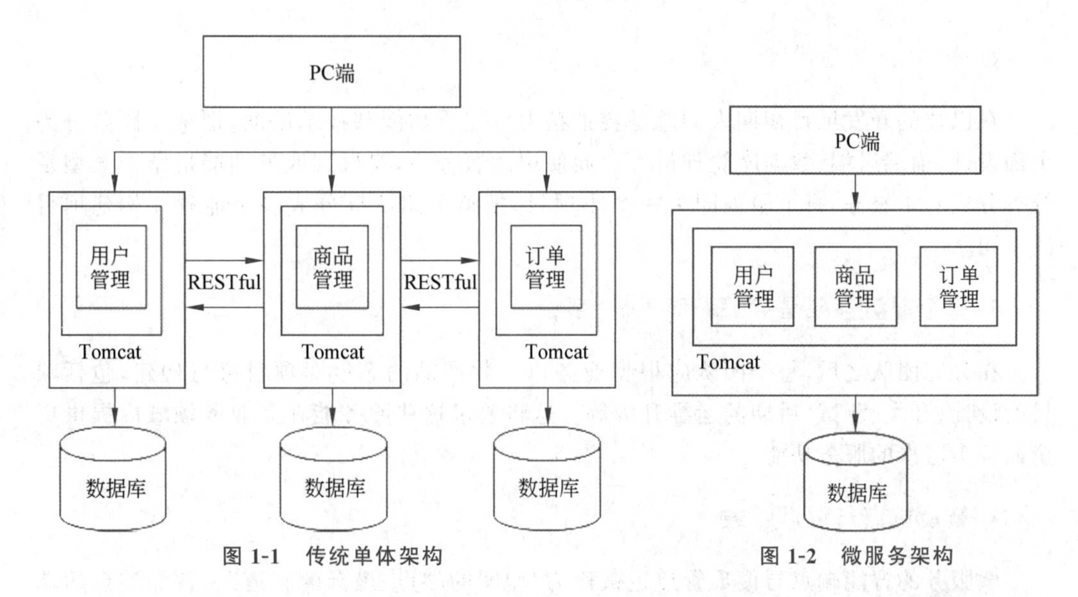

图 1-1 传统单体架构　　图 1-2 微服务架构

(4) 数据一致性。由于每个微服务都拥有自己的数据库,因此整体可能会出现数据一致性问题。如果多个服务同时修改同一数据,则可能会导致数据不一致的情况。这需要设计者在设计微服务架构时考虑数据一致性的问题,并采取适当的措施来保证数据一致性。

(5) 运维成本增加。微服务架构中有多个服务需要独立部署、监控和维护,这会增加运维成本。同时,微服务架构需要使用容器化技术实现服务的部署和管理,这也需要额外的技术支持。

(6) 安全性。微服务架构中有多个服务需要相互协作,因此设计者需要确保每个服务都能安全地访问其他服务,并且防范未经授权的访问。这需要设计者采取适当的安全措施以确保整个系统的安全。

所以微服务架构需要设计者在设计和实现时考虑多方面问题,以解决上述问题。

1.1.2 微服务的九大特征

了解了微服务架构及解决的问题后,在构建微服务架构的项目时就应尽量让项目具备微服务的九大特征。

1. 服务组件化

微服务组件就是可以独立更换和升级的软件单元,所谓服务组件化就是将整个系统拆分成多个独立的、自治的服务组件,使每个服务组件都专注实现一个或多个特定的业务功能。每个服务组件都有自己的代码库、数据库和 API,可以被独立部署、扩展和管理。如果把服务通过一种类似可插拔的形式组建起来,那么服务之间将不再像之前同一个系统内的函数调用,而是通过远程过程调用或请求的方式通信。

2. 根据“业务功能”组织团队

在以往的开发项目初期人们总是会把精力专注于功能和技术层面,把整个团队分为页面设计、前端后端、数据库管理员等。而使用微服务后,要根据业务功能把整个大型系统拆分成若干服务,每个服务即为一个小项目,把整个团队拆分成多个能独立构建项目的小团队。

3. 每个服务都应是“产品”而不是“项目”

在分完团队之后,每个团队应根据业务以一款产品的态度对项目进行构建,包括项目的设计、开发、测试、后期的运维升级等。这将要求这些服务能在其业务领域内提供更全面且多层次的服务功能。

4. 智能端点与傻瓜管道

微服务的智能端点与傻瓜管道也被称为“聪明的端点、愚蠢的管道”。智能端点的端点代表服务,指的是微服务本身具有较高的内聚力,它们负责实现特定的业务功能,并且可以自主地处理和解决与该功能相关的问题。傻瓜管道指的是微服务间通信的管道,它们是简单的、标准化的,不包含任何业务逻辑,只负责传递数据。这样设计的好处:管道本身不需要维护任何状态信息,也不需要理解业务逻辑,因此这种设计可以提高整个系统的可靠性和可维护性。此外,由于管道是标准化的,因此其可以很容易地添加、删除和替换微服务,而不会影响整个系统的运行。这种设计原则的目的是将系统的业务逻辑尽可能地集中到微服务本身,而将通信和数据处理等较为简单和标准的工作尽可能地抽象和简化。这样可以提高系统的可靠性、可维护性和灵活性,也可以更好地支持微服务的独立开发和部署。

5. 去中心化的治理技术

在以往使用单体系统架构时,整个系统往往都会接受统一管理,使用统一的技术栈和工具。所谓的中心化是指将各种事物聚集在一起,产生一个中心结构来管控所有。使用中心化的方式开发的后果就是趋向于在单一技术平台上制定标准,也就是说针对不同的功能和业务,没法完全合理地选择工具、技术和语言。去中心化就是利用微服务架构将整个单体系统拆分成一个个小型服务,使每个服务都可以根据自己业务选择合适的技术平台。实现去中心化需要用到微服务的各种技术,例如,服务注册中心、服务网关、负载均衡器、分布式缓存等,微服务之间需要通过协作完成业务流程。

6. 去中心化的数据管理

微服务架构去中心化的数据管理指的是将系统的配置、元数据、状态等信息分布式地保存在各个微服务实例中,而不是集中在一个中心化的数据库或配置文件中。每个微服务实例都拥有自己的数据存储,包括自己的配置信息、运行状态、服务调用日志等,这些数据可以由分布式的方式同步和更新。

这种去中心化的管理数据方式可以提高系统的可用性和可扩展性，因为每个微服务实例都拥有自己的数据存储，即使某个服务实例出现故障，其他服务实例也可以继续运行。而且，每个微服务实例都可以根据自己的需要更新和同步数据，无须等待中心化的管理结点。

7. 基础设施自动化

微服务的基础设施自动化指的是将微服务的部署、配置、扩展、监控等基础设施操作自动化。在微服务架构中，由于服务数量较多、服务实例频繁启动和关闭、服务实例的配置需要灵活调整等因素，传统的手工操作已经无法满足需求，企业必须采用自动化的方式管理基础设施。

基础设施自动化可以提高系统的稳定性、可靠性和可扩展性，降低运维成本和管理复杂度。通过基础设施自动化，企业可以快速、可靠、可重复地管理和运维服务。同时，基础设施自动化还可以提高团队的生产力，减少人为操作的错误和延迟。

8. 容错设计

在传统单体架构中，某个组件发生故障一般会导致整个系统陷入瘫痪。而微服务架构中，服务之间通过网络通信互相调用和交互，所以一个服务发生故障并不会影响其他服务的正常运行，但是服务的调用可能会出现失败、超时、异常等情况。为了应对这些问题，微服务架构需要采用一系列的容错技术和策略，保证服务能够在出现故障的情况下仍然能正常运行，在使用微服务时要进行容错设计，包括以下几方面。

（1）服务治理。采用注册和发现服务、负载均衡、故障转移等技术手段实现服务的自动化管理和运维。

（2）异常处理。通过异常捕获和处理机制避免服务因异常而崩溃或出现问题。

（3）断路器模式。采用断路器模式实现服务调用的容错处理，避免故障服务对整个系统的影响。

（4）限流和降级。通过限流和降级策略控制服务的负载和压力，避免系统崩溃或出现性能问题。

（5）容器化技术。采用容器化技术实现服务的快速部署、升级和回滚，降低系统出现问题的风险。

应用这些容错技术和策略，微服务架构可以实现高可用性、高可靠性和高容错性，提高系统的稳定性和可靠性，同时降低运维成本和管理复杂度。

9. 演进式设计

微服务的演进式设计是指在微服务架构中采用迭代式的设计和开发方法，通过反复迭代和优化不断地完善和优化服务架构，实现系统的持续演进和改进。

微服务架构通常是由多个独立的、自治的、可独立部署和扩展的微服务组成，每个微服务负责一个特定的业务功能。在微服务架构中，每个微服务都是一个独立的服务单元，具有自己的代码库、开发团队、测试环境和运行环境等。

由于高度自治和独立性，微服务架构允许团队独立开发、测试、部署和扩展不同的服务，从而实现快速迭代和不断优化。在微服务架构中，不断迭代和优化服务，不断改进系统的稳定性、可靠性和性能将能实现更高的业务价值。

Spring Cloud 概述

1.1.3 为什么选择 Spring Cloud 作为微服务架构

选择 Spring Cloud 作为微服务架构的主要原因有以下几点。

（1）非常流行和成熟的生态系统：Spring 生态系统是非常成熟和被广泛使用的 Java 开发框架。Spring Cloud 架构是在 Spring 框架的基础上构建的，因此具有非常广泛的用户和社区支持。开发者可以使用 Spring Cloud 快速构建基于微服务架构的应用程序，并充分利用 Spring 生态系统的强大功能。

（2）提供了丰富的组件和工具：Spring Cloud 提供了许多开箱即用的组件和工具，包括服务发现、负载均衡、断路器、配置管理、消息总线等。这些工具可以帮助开发者快速搭建基于微服务架构的应用程序，并提供了一些强大的功能和特性，如高可用性、灰度发布、自动化部署等。

（3）易于集成和扩展：Spring Cloud 支持与其他云平台和框架的集成，如 Docker、Kubernetes、Consul、ZooKeeper 等。同时，Spring Cloud 也提供了丰富的扩展接口和插件，可以满足各种不同的应用场景和需求。

（4）强大的开发工具支持：Spring Cloud 集成了 Spring Boot 的许多优秀特性，如自动配置、快速开发、嵌入式服务器等，这可以使开发者更加快速和高效地开发和调试微服务应用程序。

（5）优秀的文档和社区支持：Spring Cloud 有非常好的官方文档和社区支持，开发者可以快速学习和使用 Spring Cloud 架构，并在社区中获得帮助和支持。

1.2 Spring Cloud 和 Spring Boot 的关系

Spring Boot 专注于快速、便捷地开发微服务中的某个单体服务，Spring Cloud 则关注全局的微服务治理，它将 Spring Boot 开发的一个个单体系统整合管理，并为这些微服务提供各种服务。Spring Boot 可以独立使用开发项目，而 Spring Cloud 则依赖 Spring Boot。

第2章 chapter 2

微服务开发基础

本章学习目标

- 了解 Spring Boot 框架
- 搭建 Spring Boot 框架
- 掌握 Spring Boot 框架功能

本章准备工作

开发人员需要提前准备的开发环境和开发工具包括 IDEA、JDK 11＋、Maven 3.0＋、MySQL 5.6.5＋。

Spring Boot 框架的设计目的是简化 Spring 框架应用的创建、运行、调试、部署过程。为了实现这种效果，Spring Boot 集成了很多第三方库，并且大量地使用了“约定优于配置”(convention over configuration)的设计理念，使开发者不再需要定义烦琐的配置内容。Spring Cloud 是基于 Spring Boot 的云应用开发工具，前者很大一部分实现依赖于 Spring Boot，可以说学会 Spring Boot 是学习 Spring Cloud 微服务框架的基础。

2.1 搭建基于 Spring Boot 框架的工程

Spring Boot 是一个基于 Spring 框架的快速开发框架，它提供了一种快速、简单和可扩展的方法以构建基于 Spring 框架的应用程序，使开发者可以更加专注于业务逻辑和功能实现，而不必担心太多的配置和设置。

Spring Boot 采用“约定优于配置”的方式，它默认配置了很多常用的组件，例如，内嵌的 Tomcat 服务器、日志、安全性等，这样开发者可以快速启动应用程序而不必进行复杂的配置。此外，Spring Boot 还提供了一系列开箱即用的特性，如自动配置、自动化的错误处理、自动化的日志记录和自动化的数据源配置等。所谓“约定优于配置”，简单来说就是用户期待的配置与约定的配置一致，那么就可以不做任何配置，仅在约定的配置不符合期待的配置时才需要用户对约定进行替换配置，这种特性能够帮助开发者快速搭建并运行 Spring 应用程序。

在使用 Spring Boot 开发应用程序时，开发者可以使用 Spring 框架的所有功能，例如，依赖注入、AOP、JPA 等。此外，Spring Boot 也支持各种各样的数据库，包括关系数据库和 NoSQL 数据库，使开发者可以选择最适合自己项目的数据库。

2.1.1 Spring Boot 的特征

Spring Boot 框架提供了一种快速、简单和可扩展的构建基于 Spring 框架应用程序的方法，同时也提供了各种特性以简化应用程序的开发、测试和部署过程。

（1）简单易用。Spring Boot 可以让开发者快速地搭建一个 Spring 应用程序，因为 Spring Boot 只需要很少的配置即可启动一个应用程序，所以它非常适合快速原型开发和小型项目。

（2）自动配置。Spring Boot 提供了自动配置功能，可以自动推断应用程序所需要的配置，并进行自动配置，从而减少开发者的配置工作，让开发更加高效。

（3）内嵌服务器。Spring Boot 集成了 Tomcat、Jetty 和 Undertow 等 Web 服务器，并将它们内嵌在应用程序中，省略手动安装和配置服务器的过程，从而简化开发和部署的流程。

（4）简化依赖管理。Spring Boot 提供了一组预定义的启动器，可以简化依赖管理，开发者只需要引入需要的启动器，Spring Boot 就会自动管理依赖和版本，这将降低依赖管理的难度。

（5）外部化配置。Spring Boot 支持将应用程序的配置文件从代码中分离，以便其更好地适应不同的环境。配置文件可以被放置在不同的位置，例如，应用程序的 classpath、文件系统、环境变量等，使应用程序更加灵活。

（6）提供 Actuator。Spring Boot 提供了 Actuator，可以帮助开发人员监控和管理应用程序。通过 Actuator，开发者可以获得应用程序的健康状况、环境信息、性能指标等，从而更好地管理应用程序。

搭建 Spring Boot 框架

2.1.2 搭建 Spring Boot 框架

1. 搭建 Maven 项目

使用 IDEA 创建 Spring Boot 项目。打开 IDEA，创建一个空的 Maven 项目，将 Project SDK 的 JDK 版本设置为 11+，其他保留默认设置即可。

填写项目基本信息，完成 Maven 项目创建。

（1）Group：所属组，一般分为多段，第一段为域，例如，com、cn、org 等，第二段为公司名称，例如，易途科技英文缩写为 etoak，所以 Group 可以被设置为 com.etoak。

（2）Artifact：项目名称，一般须结合 Group 使用，与 Group 一起被统称为“坐标”，作用是保证项目唯一性，开发者可以通过 Group 和 Artifact 唯一性地确定项目。

（3）Type：项目类型，选择为 Maven(Generate a Maven based project archive)，基于

Maven 创建工程。

(4) Language：语言，这里选择为 Java。

(5) Packaging：打包方式，jar 指的是普通项目打包，war 指的是 Java Web 项目打包。这里选择为 jar 包。

(6) Java Version：Java 版本号，选择为 JDK 11+。

(7) Name：项目名称，决定了项目的根目录名称。

(8) Description：项目描述。

(9) Package：项目的 Java 包结构。这里需要注意与 Group 和 Artifact 区分，Group 和 Artifact 主要指的是 Maven 中的组织结构，Name 和 Package 主要指项目代码的结构，理论上二者并无关系。

创建完 Maven 项目后，编辑 pom.xml 文件，添加 Spring Boot 框架所需的基础依赖，如下代码所示。

```
<?xml version="1.0" encoding="UTF-8"?>
<project xmlns="http://maven.apache.org/POM/4.0.0"
xmlns:xsi="http://www.w3.org/2001/XMLSchema-instance"
xsi:schemaLocation="http://maven.apache.org/POM/4.0.0
http://maven.apache.org/xsd/maven-4.0.0.xsd">
    <modelVersion>4.0.0</modelVersion>

    <groupId>com.etoak</groupId>
    <artifactId>boot-start</artifactId>
    <version>1.0-SNAPSHOT</version>

    <parent>
        <groupId>org.springframework.boot</groupId>
        <artifactId>spring-boot-starter-parent</artifactId>
        <version>2.6.1</version>
        <relativePath/>
    </parent>
    <dependencies>
        <!--添加 Spring Boot Web 依赖 -->
        <dependency>
            <groupId>org.springframework.boot</groupId>
            <artifactId>spring-boot-starter-web</artifactId>
        </dependency>
    </dependencies>
    <build>
        <plugins>
            <plugin>
                <groupId>org.springframework.boot</groupId>
                <artifactId>spring-boot-maven-plugin</artifactId>
```

```
            </plugin>
        </plugins>
    </build>
</project>
```

修改完 pom.xml 文件后,单击 IDEA 工具的右侧边栏 Maven 按钮,查看项目的 Maven 信息,单击 Reload All Maven Projects 按钮刷新项目依赖,则 IDEA 底边栏将出现下载进度条。依赖被全部下载完成后,单击 Dependencies 下拉菜单查看项目依赖,如图 2-1 所示。

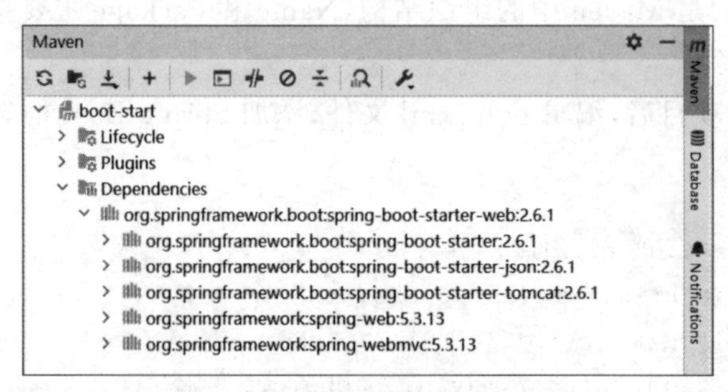

图 2-1 查看项目的 Maven 依赖

2. 创建启动类

```
import org.springframework.boot.SpringApplication;
import org.springframework.boot.autoconfigure.SpringBootApplication;

@SpringBootApplication
public class BootStartApplication {
    public static void main(String[] args) {
        SpringApplication.run(BootStartApplication.class,args);
    }
}
```

3. 创建业务类

在启动类的当前包或者子包下创建一个 HelloController 控制器,用于测试 Spring Boot 框架是否被成功搭建。

```
import org.springframework.web.bind.annotation.RequestMapping;
import org.springframework.web.bind.annotation.RestController;

@RestController
public class HelloController {
```

```
    @RequestMapping("/hello")
    public String handle01(){
        return "Hello, Spring Boot!";
    }
}
```

需要注意的是，Spring Boot 默认扫描的类是启动类当前包和子包，所以如果 Controller 类不在启动类的当前包或者子包下，则该组件将无法被扫描出来。

4. 启动

执行启动类的 main 方法，启动成功后，通过浏览器访问地址：http://localhost:8080/hello。

2.1.3 Spring Boot 常用注解

Spring Boot 常用注解

1. @SpringBootApplication 注解

@SpringBootApplication 是 Spring Boot 框架中的注解，它可以标识一个类作为 Spring Boot 应用程序的主要类，包含了三个注解：@Configuration、@EnableAutoConfiguration 和 @ComponentScan，这三个注解的组合提供了 Spring Boot 应用程序的基本配置。

(1) @Configuration。将类标记为 Spring 应用程序上下文的配置类。它类似 XML 文件中的<beans>元素。

(2) @EnableAutoConfiguration。它将告诉 Spring Boot 根据项目的依赖关系自动配置 Spring 应用程序。它使用 Spring Boot 的自动配置机制，根据应用程序的类路径和其他条件配置 Spring 应用程序。

(3) @ComponentScan。它将启用组件扫描，以便 Spring Boot 可以自动扫描和加载应用程序中的所有组件，包括@Controller、@Service 和@Repository 等。

使用@SpringBootApplication 注解可以简化 Spring Boot 应用程序的配置。开发者只需将@SpringBootApplication 注解添加到主类上即可启用 Spring Boot 应用程序的自动配置和组件扫描。

2. @RestController 注解

@RestController 注解可以与@Controller 注解对比来看，@Controller 注解默认只能返回要跳转的路径即跳转的 HTML/JSP 页面，如果需要指定其他返回类型，则开发者需要添加@ResponseBody 注解。而@RestController 可以返回任意类型，简单理解就是 @RestController 是@Controller 和@ResponseBody 的组合体。

3. @RequestMapping 注解

@RequestMapping 注解可以将请求和处理请求的控制器方法关联起来，建立映射关系。服务器接收到指定的请求后就会找到在映射关系中对应的控制器方法以处理这个请求。

该注解既可以被添加在控制器类上,也可以被添加在方法上。如果它被添加在控制器类上,则请求的URL必须被加上该类的标识才可以被正常映射到该类。开发者可以参考如下代码。

```
@RestController
@RequestMapping("/login")
public class LoginController {
    @RequestMapping("/userLogin")
    public void userLogin() {
        //实现登录相关的业务逻辑
    }
}
```

如果开发者想要访问userLogin方法,那么正确的URL后缀必须设为/login/userLogin。

@RequestMapping可以通过设置method属性规定请求的方式。method的取值范围包括GET、HEAD、POST、PUT、PATCH、DELETE、OPTIONS、TRACE,每个取值对应一种请求方式。例如,指定请求方式method=GET,则只有GET请求才能被正确映射,请求方式不满足method属性则会出现405错误:Request method not supported。

在处理不同请求方式的请求时,开发者也可以使用@RequestMapping注解的派生注解。

(1) 处理GET请求的映射:@GetMapping。

(2) 处理POST请求的映射:@PostMapping。

(3) 处理PUT请求的映射:@PutMapping。

(4) 处理DELETE请求的映射:@DeleteMapping。

4. @RequestBody 注解

@RequestBody注解主要用于将HTTP请求的请求体(即请求的内容)映射到Java对象上。例如,当客户端通过HTTP POST或者PUT请求提交数据时,数据通常会被放在请求体中,该注解可以将请求体中的数据自动绑定到Java对象上,从而更加方便地处理请求体中的数据。

```
@PostMapping("/create")
public ResponseEntity<User>createUser(@RequestBody User user) {
    //处理接收到的用户对象
    //...
}
```

在上面的例子中,@RequestBody注解会将POST请求的请求体中的数据自动绑定到 User 对象上，在 createUser 方法中，开发者可以直接使用 user 对象的属性值访问请求体中的数据。

在使用@RequestBody 注解时，开发者需要注意以下几点。

(1) 其只能用于处理 HTTP POST 或 PUT 请求，且对其他类型的请求（如 GET 请求）不适用。

(2) 请求体中的数据必须是合法的 JSON、XML 或其他支持的媒体类型。Spring MVC 会根据请求头中的 Content-Type 自动地选择合适的消息转换器进行数据解析。

(3) 被@RequestBody 注解标注的参数，Spring MVC 会尝试将请求体中的数据转换成该参数的类型。如果无法转换则会抛出异常。

(4) @RequestBody 注解可以被用于处理单个对象，也可以被用于处理对象的集合。

5. @RequestParam 注解和@PathVariable 注解

@RequestParam 注解可以将请求参数的值绑定到处理请求的方法参数上，这样可以方便程序从请求中获取前端传递过来的参数值，并在方法中进行相应的处理。而@PathVariable 注解则被用于在处理请求时从 URI 中提取路径变量的值，并将参数值绑定到方法的参数上。二者都是用来处理请求参数值的，它们的区别可以参考下面的代码。

```
// @PathVariable 基本用法
@GetMapping("/users/{id}")
public String getUserById(@PathVariable("id") Long userId) {
    // 处理请求，并使用 @PathVariable 注解将 URI 中的 id 参数绑定到 userId 参数上
    // ...
}
// 多参数用法
@GetMapping("/users/{userId}/posts/{postId}")
public String getPostById(@PathVariable("userId") Long userId,
@PathVariable("postId") Long postId) {
    // 处理请求，并使用 @PathVariable 注解将 URI 中的 userId 和 postId 参数分别绑定
    // 到对应的方法参数上
    // ...
}
// 可选的路径变量用法
@GetMapping("/users/{userId}/posts/{postId?}")
public String getPostById(@PathVariable("userId") Long userId,
@PathVariable(value ="postId", required =false) Long postId) {
    // 处理请求，并使用 @PathVariable 注解将 URI 中的 userId 参数绑定到 userId 参
    // 数上
    // 如果 URI 中包含 postId 参数，则将其绑定到 postId 参数上；否则，postId 参数的值
    // 为 null
    // ...
```

```
}

// @RequestParam 基本用法
@GetMapping("/users")
public String getUsers(@RequestParam("page") int page,
@RequestParam("size") int size) {
    // 处理请求,并使用 @RequestParam 注解将请求参数中的 page 和 size 参数绑定到方
    // 法的参数上
    // ...
}
// 设置默认值
@GetMapping("/users")
public String getUsers(@RequestParam(value ="page", defaultValue =
"1") int page, @RequestParam(value ="size", defaultValue ="10") int
size) {
    // 处理请求,并使用 @RequestParam 注解将请求参数中的 page 和 size 参数绑定到方
    // 法的参数上
    // 如果请求中没有对应的参数,则使用 defaultValue 指定的默认值
    // ...
}
// 必需参数值
@GetMapping("/users")
public String getUsers(@RequestParam("page") int page, @RequestParam
("size") int size) {
    // 处理请求,并使用 @RequestParam 注解将请求参数中的 page 和 size 参数绑定到方
    // 法的参数上
    // 如果请求中没有对应的参数,则会导致请求映射失败
    // ...
}
```

简单来说，开发者需要根据 URI 的不同判断是使用@RequestParam 注解还是使用@PathVariable 注解来获取参数值。

URI 格式为“http://host:port/path? 参数名=参数值&参数名=参数值”，这种情况下开发者要使用@RequestParam 注解。

URI 格式为“http://host:port/path/参数值”，这种情况下开发者要使用@PathVariable 注解。

二者也可以结合使用，如果 URI 格式为“http://host:port/path/101? param=10”，那么开发者可以按照下面代码的写法处理。

```
@RequestMapping("/path/{id}")
public String getUsers(
@PathVariable(value="id") String id,
```

```
@RequestParam(value="param",required=true) String param) {
    // ...
}
```

6. 与注入相关的注解

@Component、@Bean、@Service、@Controller、@Repository、@Entity、@Configuration都是与注入相关的注解。

@Component注解主要作用于类上，用于标识一个类为Spring容器中的组件（或称Bean）。该注解是一个通用注解，可以用于标识任何一个类为一个可被Spring管理的组件，包括普通的Java类、DAO类、服务类、控制器类。

```
// 普通的 Java 类
@Component
public class UserService {
    // ...
}
// DAO 类
@Component
public class UserRepository {
    // ...
}
// 服务类
@Component
public class ProductService {
    // ...
}
```

通过@Component注解标识的类会被Spring自动扫描并创建实例，放入Spring容器中，开发者可以通过其他注解（如@Autowired、@Resource、@Inject等）在其他类中进行依赖注入，从而实现控制反转（inverse of control，IOC）和依赖注入功能。

以上就是Spring Boot常用注解的含义及其使用方式。

2.1.4 核心配置文件

YAML（YAML ain't markup language）和properties文件是两种常见的配置文件格式，用于在应用程序中配置属性和行为。

1. YAML与properties的区别

1）语法结构

YAML使用缩进和冒号表示层次结构和键-值对，而properties文件则使用简单的键-值对结构。YAML 的语法更加易读和结构化，支持多级层次结构，支持通过缩进来表示父子关系，适合表示复杂的配置。而 properties 文件则比较简单直观，适合简单的键-值对配置。

2）可读性

YAML 文件的结构和缩进可以使其更易读和维护。它使用空格缩进，没有固定的键-值对顺序要求，支持通过缩进来表示层次结构。相比之下，properties 文件使用简单的 key＝value 格式，没有层次结构，可能会随着键-值对数量增加而变得难以阅读。

3）支持复杂数据类型

YAML 支持更丰富的数据类型，如列表、映射和多行文本。这使得其在配置中表示复杂数据结构更加方便，例如，列表或嵌套的键-值对。properties 文件仅支持简单的字符串键-值对。

4）文件扩展名

YAML 配置文件通常以 yml 或 yaml 作为文件扩展名，而 properties 配置文件使用 properties 作为文件扩展名。

选择使用 YAML 或 properties 文件取决于具体的需求和个人偏好。如果配置相对简单，只需使用一级的键-值对，并且更注重简洁性和传统的配置风格，那么 properties 文件可能更合适。如果配置相对复杂，包含层次结构和复杂数据类型，并且更注重可读性和可维护性，那么 YAML 文件是更好的选择。Spring Boot 支持两种格式，开发者可以根据自己的需求选择合适的配置文件格式。

2. 使用方式

（1）application.properties 是一个基于键-值对的属性文件，用于配置各种属性。下面是一些常见的配置示例。

```
#服务器端口
server.port=8080
#数据库连接配置
spring.datasource.url=jdbc:mysql://localhost:3306/mydb
spring.datasource.username=root
spring.datasource.password=secret
#日志级别
logging.level.org.springframework=INFO
#应用名称
spring.application.name=MyApp
```

（2）application.yml 是一个基于 YAML 格式的配置文件，其相对 application.properties 更加易读和结构化。下面是相同配置的示例。

```
server:
  port: 8080
```

```
spring:
  datasource:
    url: jdbc:mysql://localhost:3306/mydb
    username: root
    password: secret
logging:
  level:
    org.springframework: INFO
spring:
  application:
    name: MyApp
```

开发者可以根据应用程序的需求在配置文件中添加其他属性,例如,缓存配置、安全配置、邮件配置等。此外,开发者还可以在配置文件中使用占位符“${}”引用其他属性的值,实现属性之间的引用和动态配置。

请注意,在 Spring Boot 中,配置文件的位置也是可以灵活配置的。在默认情况下,它们位于应用程序的 classpath 根目录下。如果需要使用不同的配置文件名或位置,开发者可以通过 spring.config.name 和 spring.config.location 属性指定。

3. 自定义配置文件

在 Spring Boot 中,开发者可以使用自定义配置文件扩展应用程序的配置。除了默认的 application.properties 或 application.yml 文件,开发者可以创建自己的配置文件,并通过 Spring Boot 的配置机制得到加载和使用。

下面是使用自定义配置文件的步骤。

(1) 创建自定义配置文件。开发者可以在 src/main/resources 目录下创建一个新的配置文件,例如,创建 custom.properties 或 custom.yml。

(2) 定义配置属性。在自定义配置文件中,开发者可以按照属性的键-值对格式或 YAML 语法定义配置属性。例如,properties 格式如下。

```
myapp.message=Hello, Custom Configuration!
myapp.timeout=5000
```

YAML 格式如下。

```
myapp:
  message: Hello, Custom Configuration!
  timeout: 5000
```

(3) 加载配置文件。Spring Boot 会自动加载默认的配置文件。如果开发者需要加载自定义配置文件,那么其可以在应用程序的主类上使用@PropertySource 注解,以指定要加载的配置文件,如下所示。

```
@SpringBootApplication
@PropertySource("classpath:custom.properties")          //指定自定义配置文件
public class MyApp {
    public static void main(String[] args) {
        SpringApplication.run(MyApp.class, args);
    }
}
```

（4）使用配置属性。通过使用@Value注解或@ConfigurationProperties注解，开发者可以将配置属性注入应用程序的组件中，如下所示。

① 使用@Value注解。

```
@Component
public class MyComponent {
    @Value("${myapp.message}")
    private String message;

    // ...
}
```

② 使用@ConfigurationProperties注解。

```
@Component
@ConfigurationProperties(prefix = "myapp")
public class MyComponent {
    private String message;
    private int timeout;

    // Getters and setters

    // ...
}
```

通过以上步骤，自定义配置文件就可以被加载并在应用程序中得以使用。开发者可以根据需要定义不同的配置文件，并可以在应用程序中加载多个配置文件。

Spring Boot集成

2.2 Spring Boot集成

2.2.1 Spring Boot集成MyBatis

1. 添加依赖

在pom.xml文件中添加对MyBatis和数据库驱动的依赖。

```xml
<dependencies>
    <!--MyBatis -->
    <dependency>
        <groupId>org.mybatis.spring.boot</groupId>
        <artifactId>mybatis-spring-boot-starter</artifactId>
        <version>2.2.0</version>
    </dependency>

    <!--数据库驱动 -->
    <dependency>
        <groupId>mysql</groupId>
        <artifactId>mysql-connector-java</artifactId>
        <version>8.0.23</version>
    </dependency>
</dependencies>
```

2. 配置数据源

在 application.properties 或 application.yml 文件中配置数据库连接信息。

```
spring.datasource.url=jdbc:mysql://localhost:3306/mydb
spring.datasource.username=root
spring.datasource.password=secret
```

3. 创建 MyBatis 映射文件和接口

在 src/main/resources 目录下创建 MyBatis 映射文件(例如,UserMapper.xml)和对应的接口(例如,UserMapper.java),定义 SQL 语句和映射方法。

```
<!--UserMapper.xml -->
<mapper namespace="com.example.mapper.UserMapper">
    <select id="getUserById" resultType="com.example.model.User">
        SELECT * FROM users WHERE id = #{id}
    </select>
</mapper>

// UserMapper.java
public interface UserMapper {
    User getUserById(Long id);
}
```

4. 创建实体类

创建与数据库表对应的实体类(例如,User.java),使用@Table 注解指定对应的表名和字段名。

5. 配置 MyBatis

在应用程序的主类上使用@MapperScan 注解,指定 MyBatis 的 Mapper 接口所在的包路径。

```
@SpringBootApplication
@MapperScan("com.example.mapper")
public class MyApp {
    public static void main(String[] args) {
        SpringApplication.run(MyApp.class, args);
    }
}
```

这样,Spring Boot 就会自动扫描指定包路径下的 Mapper 接口,并将其注册为 Spring Bean,开发者可以在其他组件中直接注入并使用。

以上步骤完成后,开发者就可以在其他组件中使用 MyBatis 的 Mapper 接口,例如,在 Service 类中注入 Mapper 并调用方法执行数据库操作。

这只是一个简单的示例,实际应用中可能还涉及配置和使用事务管理、分页插件等。开发者可以根据具体需求进行进一步配置和扩展。

2.2.2 Spring Boot 集成 MVC

1. 添加依赖

在 Maven 项目的 pom.xml 中添加 Spring Boot Web 依赖。这当中将包含所需的 MVC 组件和 Spring Boot 自动配置。

```
<dependencies>
    <dependency>
        <groupId>org.springframework.boot</groupId>
        <artifactId>spring-boot-starter-web</artifactId>
    </dependency>
</dependencies>
```

2. 创建 Controller

创建一个或多个 Controller 类,用于处理请求和定义处理程序方法。开发者可以使用@Controller 或@RestController 注解以标记这些类。

```
@RestController
public class MyController {
    @GetMapping("/hello")
```

```
    public String sayHello() {
        return "Hello, World!";
    }
}
```

3. 启动应用程序

编写一个包含 main()方法的启动类,并使用@SpringBootApplication 注解标记它。

4. 运行应用程序

运行启动类中的 main()方法。Spring Boot 将自动启动嵌入式服务器,并将用户应用程序部署在其中。

开发者可以通过访问 http://localhost:8080/hello 来测试应用程序,它将返回"Hello, World!"作为响应。

这只是一个简单的示例,开发者可以根据需要添加更多的控制器和处理程序的方法,以处理不同的 URL 和请求。

2.3 Spring Boot 事务处理

2.3.1 基于注解的事务管理

Spring Boot 支持使用@Transactional 注解在方法或类级别上标记事务边界。当方法被调用时,Spring 将自动为其创建一个事务,并在方法执行完成后自动提交或回滚事务,具体取决于方法的执行结果。

```
@Service
public class MyService {
    @Autowired
    private MyRepository myRepository;

    @Transactional
    public void performTransactionalOperation() {
        // 在事务中执行数据库操作
        myRepository.save(data);
        // 其他数据库操作
    }
}
```

2.3.2 编程式事务管理

除了使用注解外,开发者还可以使用编程式事务管理。通过 TransactionTemplate

类，开发者可以在代码中手动控制事务的开始、提交和回滚。

```
@Service
public class MyService {
    @Autowired
    private MyRepository myRepository;
    @Autowired
    private PlatformTransactionManager transactionManager;

    public void performTransactionalOperation() {
        TransactionTemplate transactionTemplate = new TransactionTemplate
        (transactionManager);
        transactionTemplate.execute(status ->{
            try {
                //在事务中执行数据库操作
                myRepository.save(data);
                //其他数据库操作
                return null;
            } catch (Exception e) {
                status.setRollbackOnly();
                throw e;
            }
        });
    }
}
```

2.3.3 声明式事务管理

Spring Boot 还支持基于 XML 或 Java 配置的声明式事务管理。开发者可以使用<tx:annotation-driven/>配置启用注解驱动的事务管理，并在 XML 或 Java 配置文件中定义事务管理器。

```
<beans xmlns="http://www.springframework.org/schema/beans"
    xmlns:tx="http://www.springframework.org/schema/tx">
    <tx:annotation-driven />
     <bean id =" transactionManager " class =" org. springframework. jdbc.
     datasource.DataSourceTransactionManager">
        <property name="dataSource" ref="dataSource" />
    </bean>
    <!--其他 bean 的配置 -->
</beans>
```

使用声明式事务管理时，开发者可以像使用注解一样在方法或类级别上标记事务边界。

第3章 chapter 3

注册和发现服务

本章学习目标

- 了解注册和发现服务的基本概念及 Nacos 的优势
- 熟悉 Spring Cloud Nacos 的使用方式,包括注册服务、发现服务、配置中心等
- 理解 Spring Cloud 调用服务的方式,包括 Feign、Ribbon、OpenFeign、LoadBalancer、RestTemplate 和 WebClient
- 掌握在 Spring Cloud Nacos 中调用服务的方法和技巧

本章准备工作

开发者需要提前准备的开发环境和开发工具包括 IDEA、JDK 11+、Maven 3.0+、Nacos 2.1.0+、MySQL 5.6.5+。

本章将介绍在 Spring Cloud 中使用 Nacos 注册和发现服务的方式。首先介绍 Nacos 的概述和功能特性,其次将演示使用 Spring Cloud Nacos 注册和发现服务,最后将介绍使用 Nacos 实现负载均衡和高可用性服务的方法。本章旨在为读者提供全面的 Nacos 使用指南,以及在实际项目中使用 Nacos 解决一些常见问题的经验。

3.1 背景介绍

注册和发现是一种重要的微服务架构模式,它是在微服务之间实现通信和协作的核心机制之一。在微服务架构中,系统会被拆分成多个服务单元,每个服务单元都具有独立的代码库和数据存储,服务之间通过网络进行通信和协作,其中一个服务可能需要调用另一个服务提供的功能。在这种情况下,服务调用方需要知道服务提供者的网络地址和端口号,这就需要有一个注册中心记录所有服务的地址信息。

注册和发现机制的核心是注册中心。每个服务在启动时会向注册中心注册自己的信息,包括服务名、IP 地址、端口号等。注册中心将这些信息存储起来,当服务调用方需要调用另一个服务时,它会向注册中心发起请求,请求服务的信息。注册中心将返回所

有符合条件的服务实例信息给服务调用方,服务调用方再根据自己的负载均衡策略选择其中一台服务器实现调用。

注册和发现机制的优势在于可以实时感知服务实例的动态变化(如新增或下线)。这可以使微服务架构更加灵活和可靠。例如,某个服务实例不可用,那么注册中心可以将其从可用服务列表中删除,从而避免了服务调用方无法正确调用的情况发生。此外,注册发现机制还可以支持服务的版本管理和灰度发布等高级功能。

不同的注册和发现实现方式有所不同。目前比较流行的注册和发现框架包括ZooKeeper、Consul、Etcd、Eureka和Nacos等。其中,Nacos是一个由阿里巴巴开源的、新型的服务发现、配置中心和元数据中心,具有高可用、可扩展、支持多种协议等优点,故其被越来越多的企业和开发者使用。

Nacos的安装与配置

3.2 Nacos的安装与配置

3.2.1 Nacos的下载与安装

首先,访问Nacos的GitHub仓库——alibaba/nacos,下载Nacos的二进制包或源码包。下载完成后,解压缩即可,如图3-1所示。

▾Assets 4

nacos-server-2.2.0.1.tar.gz	99.2 MB	last week
nacos-server-2.2.0.1.zip	99.3 MB	last week
Source code (zip)		last week
Source code (tar.gz)		last week

图3-1 GitHub仓库中的releases

图3-1中有四个文件链接,分两种扩展名(gz和zip),文件内容都差不多,Windows系统用户建议选择zip格式,Linux类系统用户建议选择gz格式。

由于是压缩包,因此开发者无须安装,直接解压即可,解压完之后,切换到bin目录下。

Nacos依赖Java运行时环境。故开发者应正确安装JDK 11+并正确配置环境变量。

1. 必要配置

找到Nacos根目录下的conf目录,打开application.properties文件,修改以下几处配置。

```
#启用鉴权,需要用户名、密码才能登录
nacos.core.auth.system.type=nacos
nacos.core.auth.enabled=true
```

```
#2.2.0.1 版本后没有默认值,要求开发者自定义
#推荐将配置项设置为 Base64 编码的字符串,且原始密钥长度不得低于 32 个字符

nacos.core.auth.plugin.nacos.token.secret.key=
MTIzNDU2NzgxMjM0NTY3ODE yMzQ1Njc4MTIzNDU2Nzg=
```

2. 启动服务

（1）在 Linux/UNIX/macOS 系统下运行。直接执行“启动命令”(standalone 代表单机模式运行,非集群模式)。

```
sh startup.sh -m standalone
```

如果使用的是 Ubuntu 系统,或者运行脚本报错提示“[[”符号找不到,那么可尝试以如下方式运行。

```
bash startup.sh -m standalone
```

（2）在 Windows 系统下运行。打开“命令提示符”,执行“启动命令”(standalone 代表单机模式运行,非集群模式)。

```
startup.cmd -m standalone
```

3. 启动成功

启动成功后,Nacos 的日志文件会存放在 logs/start.out 文件中。如果日志中没有异常,最后输出的将是下面这行提示。

```
Nacos started successfully in stand alone mode. use embedded storage
```

4. 关闭服务

（1）在 Linux/UNIX/macOS 系统下运行,命令如下。

```
sh shutdown.sh
```

（2）在 Windows 系统下运行,命令如下。或者双击 shutdown.cmd 运行文件,效果相同。

```
shutdown.cmd
```

3.2.2 Nacos 的管理界面

本示例在本机成功安装了 Nacos,并且按照 3.2.1 节讲述的步骤成功启动了 Nacos。

本地环境下默认的访问地址是 http://localhost:8848/nacos，登录界面如图 3-2 所示。

图 3-2　Nacos 登录界面

开发者可以使用默认的用户名和密码登录，默认用户名为 nacos，默认密码为 nacos。登录成功之后，看到的 Nacos 控制台界面如图 3-3 所示。

图 3-3　Nacos 控制台界面

Nacos
服务的
注册

3.3　服务的注册和发现

3.3.1　服务的注册

在微服务架构中，服务的注册是指服务实例将自己的信息（如服务名、IP 地址、端口号等）发送到注册中心实现注册。下面以一个简单的示例说明服务的注册过程。

假设现在有一个服务提供者（provider）和一个服务消费者（consumer）。服务提供者提供了一个计算两个整数相加之和的服务（addService），服务消费者需要使用该服务计算两个整数的和。

这个示例将使用 Nacos 作为注册中心。首先，需要在服务提供者的项目中添加 Nacos 客户端依赖，然后在服务提供者的启动类中添加以下代码实现注册服务。

1. 修改项目的 pom.xml 文件

```
<?xml version="1.0" encoding="UTF-8"?>
<project xmlns="http://maven.apache.org/POM/4.0.0"
xmlns:xsi="http://www.w3.org/2001/XMLSchema-instance"
xsi:schemaLocation="http://maven.apache.org/POM/4.0.0
https://maven.apache.org/xsd/maven-4.0.0.xsd">
  <modelVersion>4.0.0</modelVersion>
  <parent>
    <groupId>org.springframework.boot</groupId>
    <artifactId>spring-boot-starter-parent</artifactId>
    <version>2.6.7</version>
    <relativePath/><!--lookup parent from repository -->
  </parent>
  <groupId>com.etoak.tutorial.nacos</groupId>
  <artifactId>provider</artifactId>
  <version>0.0.1-SNAPSHOT</version>
  <name>client</name>
  <description>Nacos 注册和发现示例中的提供者</description>

  <properties>
    <java.version>1.8</java.version>
    <spring-cloud-alibaba.version>2021.1</spring-cloud-alibaba.version>
    <spring-cloud.version>2021.0.3</spring-cloud.version>
  </properties>

  <dependencies>
    <dependency>
      <groupId>org.springframework.boot</groupId>
      <artifactId>spring-boot-starter-web</artifactId>
    </dependency>
    <dependency>
      <groupId>com.alibaba.cloud</groupId>
      <artifactId>spring-cloud-starter-alibaba-nacos-discovery
      </artifactId>
    </dependency>
  </dependencies>

  <dependencyManagement>
```

```
    <dependencies>
      <dependency>
        <groupId>org.springframework.cloud</groupId>
        <artifactId>spring-cloud-dependencies</artifactId>
        <version>${spring-cloud.version}</version>
        <type>pom</type>
        <scope>import</scope>
      </dependency>
      <dependency>
        <groupId>com.alibaba.cloud</groupId>
        <artifactId>spring-cloud-alibaba-dependencies</artifactId>
        <version>${spring-cloud-alibaba.version}</version>
        <type>pom</type>
        <scope>import</scope>
      </dependency>
    </dependencies>
  </dependencyManagement>
    <build>
      <plugins>
        <plugin>
          <groupId>org.springframework.boot</groupId>
          <artifactId>spring-boot-maven-plugin</artifactId>
        </plugin>
      </plugins>
  </build>
</project>
```

上面这段代码的核心内容如下。这个依赖给微服务提供了与 Nacos-Server 对接的能力，从而实现了注册服务和发现服务。

```
<dependency>
    <groupId>com.alibaba.cloud</groupId>
    <artifactId>spring-cloud-starter-alibaba-nacos-discovery</artifactId>
</dependency>
```

2. 修改项目的 application.yml 文件

```
server:
    port: 8081

  spring:
    application:
```

```
    name: provider
  #Nacos 注册和发现的配置
  cloud:
    nacos:
      discovery:
        #Nacos-Server 的地址
        server-addr: 127.0.0.1:8848
        #默认的命名空间
        namespace: public
        username: nacos
        password: nacos
```

3. 修改项目启动类 App.java

```
package com.etoak.tutorial.nacos;

import org.springframework.boot.SpringApplication;
import org.springframework.boot.autoconfigure.SpringBootApplication;

@SpringBootApplication
public class App {
  public static void main(String[] args) {
    SpringApplication.run(App.class, args);
  }
}
```

4. 添加类 AddController.java

```
package com.etoak.tutorial.nacos;

import org.springframework.web.bind.annotation.RequestMapping;
import org.springframework.web.bind.annotation.RequestParam;
import org.springframework.web.bind.annotation.RestController;

@RestController
public class AddController {
  @RequestMapping("/add")
  public String add(@RequestParam int a, @RequestParam int b) {
    int result =a +b;
    return "The result is " +result +" from remote service [provider]";
  }
}
```

上面代码中的 add()方法需要两个整型数值作为参数，其返回值为两个参数相加的结果(String 类型)，add()方法将被用于接下来验证服务消费者。

接下来启动服务，启动成功后，日志中有一句重要的提示表示注册的动作已经完成。

```
nacos registry, DEFAULT_GROUP provider 192.168.1.104:8081 register finished
com.etoak.tutorial.nacos.App: Started App in 5.171 seconds (JVM running for 7.423)
```

通过 Nacos 控制台可以看到 provider 服务的注册情况，如图 3-4 所示。

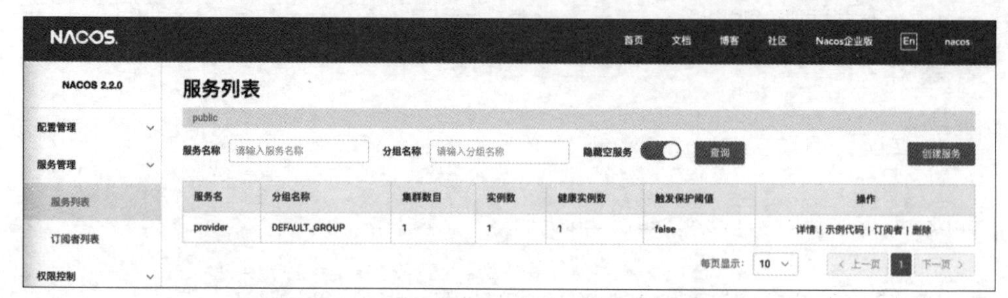

图 3-4　服务的注册情况

单击“详情”按钮可以看到服务注册的详细情况，如图 3-5 所示。

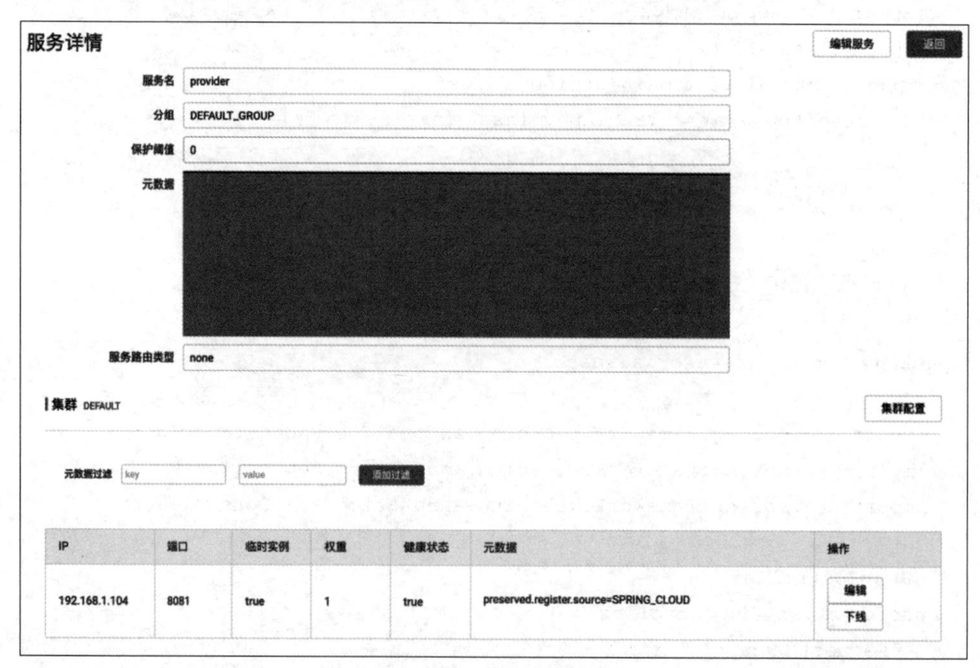

图 3-5　服务注册的详细情况

从图 3-5 中可以看出，提供者的服务已经通过注册动作把服务名、IP、端口注册到注册中心了。

3.3.2 服务的发现

Nacos 服务的发现

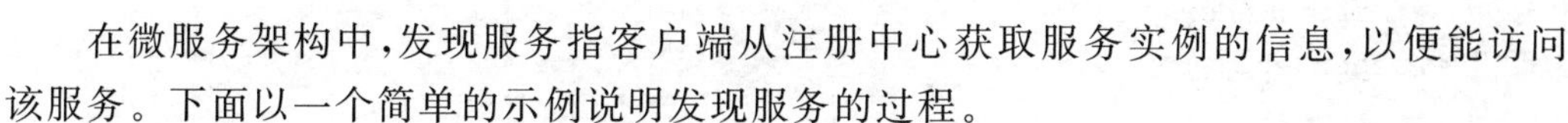

在微服务架构中，发现服务指客户端从注册中心获取服务实例的信息，以便能访问该服务。下面以一个简单的示例说明发现服务的过程。

假设现在服务消费者需要访问服务提供者的 addService。服务消费者需要从注册中心获取可用的服务实例列表，然后选择其中一个服务实例进行访问。

这个示例同样使用 Nacos 作为注册中心。首先，需要在服务消费者的项目中添加 Nacos 客户端依赖，然后，在服务消费者的启动类中添加以下代码以获取服务实例列表。

1. 修改项目的 pom.xml 文件

```
<?xml version="1.0" encoding="UTF-8"?>
<project xmlns="http://maven.apache.org/POM/4.0.0"
xmlns:xsi="http://www.w3.org/2001/XMLSchema-instance"
xsi:schemaLocation="http://maven.apache.org/POM/4.0.0
https://maven.apache.org/xsd/maven-4.0.0.xsd">
  <modelVersion>4.0.0</modelVersion>
  <parent>
    <groupId>org.springframework.boot</groupId>
    <artifactId>spring-boot-starter-parent</artifactId>
    <version>2.6.7</version>
    <relativePath/><!--lookup parent from repository -->
  </parent>
  <groupId>com.etoak.tutorial.nacos</groupId>
  <artifactId>consumer</artifactId>
  <version>0.0.1-SNAPSHOT</version>
  <name>client</name>
  <description>Nacos 注册和发现示例中的消费者</description>

  <properties>
    <java.version>1.8</java.version>
    <spring-cloud-alibaba.version>2021.1</spring-cloud-alibaba.version>
    <spring-cloud.version>2021.0.3</spring-cloud.version>
  </properties>

  <dependencies>
    <dependency>
      <groupId>org.springframework.boot</groupId>
      <artifactId>spring-boot-starter-web</artifactId>
    </dependency>
    <dependency>
```

```
      <groupId>com.alibaba.cloud</groupId>
      <artifactId>spring-cloud-starter-alibaba-nacos-discovery</artifactId>
    </dependency>
  </dependencies>

  <dependencyManagement>
    <dependencies>
      <dependency>
        <groupId>org.springframework.cloud</groupId>
        <artifactId>spring-cloud-dependencies</artifactId>
        <version>${spring-cloud.version}</version>
        <type>pom</type>
        <scope>import</scope>
      </dependency>
      <dependency>
        <groupId>com.alibaba.cloud</groupId>
        <artifactId>spring-cloud-alibaba-dependencies</artifactId>
        <version>${spring-cloud-alibaba.version}</version>
        <type>pom</type>
        <scope>import</scope>
      </dependency>
    </dependencies>
  </dependencyManagement>
</project>
```

2. 修改项目的 application.yml 文件

```
server:
  port: 8080

 spring:
  application:
    name: consumer
    #Nacos 注册和发现的配置
 cloud:
  nacos:
    discovery:
      #Nacos-Server 的地址
      server-addr: 127.0.0.1:8848
      #默认的命名空间
      namespace: public
      username: nacos
      password: nacos
```

3. 修改项目启动类 App.java

```
package com.etoak.tutorial.nacos;

import java.util.List;
import org.springframework.boot.SpringApplication;
import org.springframework.boot.autoconfigure.SpringBootApplication;
import org.springframework.cloud.client.ServiceInstance;
import org.springframework.cloud.client.discovery.DiscoveryClient;
import org.springframework.context.ConfigurableApplicationContext;

@SpringBootApplication
public class App {
  public static void main(String[] args) {
     ConfigurableApplicationContext context = SpringApplication.run(App.
     class, args);
    //提供服务提供者的名称
    //与提供者项目 application.yml 中 spring.application.name 是对应的
    String serviceName ="provider";
    //通过 Spring 获取用于发现(查询)服务的客户端对象
     DiscoveryClient discoveryClient = context.getBean(DiscoveryClient.
     class);
    //通过服务名从注册中心获取真实的提供服务的实例
    //这里将返回一个列表,因为大多数场景是集群部署
    List<ServiceInstance> serviceInstances =discoveryClient.getInstances
    (serviceName);
    if (!serviceInstances.isEmpty()) {
      //遍历获取到的所有提供服务的实例对象
      //这里输出核心要素,即 IP 地址和端口号
      for (ServiceInstance serviceInstance : serviceInstances) {
        String serviceUrl ="http://" +serviceInstance.getHost() +
        ":" +serviceInstance.getPort();
        System.out.println(serviceUrl);
      }
    }else{
      //通过 serviceName 未能从注册中心查询到结果
      System.out.println("没有找到[" +serviceName +"]对应的服务");
    }
  }
}
```

通过注册中心获取具体提供服务的实例地址后，就可以使用 httpclient 客户端调用远程服务。这里使用 RestTemplate 示意，代码如下所示。

```
ServiceInstance serviceInstance =serviceInstances.get(0);
String serviceUrl ="http://" +serviceInstance.getHost() +":" +
serviceInstance.getPort();
int a =20;
int b =23;
String url ="http://" +serviceInstance.getHost() +":" +
serviceInstance.getPort() +"/add?a=" +a +"&b=" +b;
RestTemplate restTemplate =new RestTemplate();
// 调用服务提供者提供的 add()方法
String response =restTemplate.getForObject(url, String.class);
System.out.println("远程服务响应结果: " +response);
```

上面这段代码调用成功后，会显示如下内容。

```
远程服务响应结果: The result is 43 from remote service [provider]
```

注意：为了快速演示，以上示例的代码直接被写到了 App.java 启动类中，在实际项目中要结合具体业务场景对代码位置进行调整。

3.3.3 订阅服务

订阅服务是指客户端在注册中心获取服务的变化情况，以便及时感知服务实例的变化。客户端可以通过订阅机制获取注册中心服务实例的变化信息，如服务实例的上线、下线、状态变化等，从而保证客户端及时调整访问服务的策略和方式。订阅机制还可以支持服务的版本管理和灰度发布等高级功能。

灰度发布(gray release)：软件开发中的一种部署策略，也称渐进式发布(progressive release)或金丝雀发布(canary release)。它是一种控制新功能或更新的方式，可以降低潜在风险并获得更好的用户反馈。在灰度发布中，新的软件版本或功能被逐步引入生产环境中的一小部分用户中，而不是立即对所有用户进行全面推广。这样可以让开发团队逐步检查新功能的稳定性、性能和用户体验，同时减少潜在问题对整个用户群体的影响。

为了避免客户端主动轮询服务实例列表，服务注册中心通常会支持服务的订阅功能。当服务实例列表发生变化时，注册中心会主动通知客户端，客户端可以及时更新服务实例列表，从而实现服务的高可用和负载均衡。下面以 Nacos 为例说明服务的订阅过程。

在 Nacos 中，服务的订阅和发布是通过命名空间和分组实现的。命名空间是实现逻辑隔离的单位，可以将不同的业务或应用程序隔离开；而分组则可以将同一应用程序的服务划分到不同的组中。

下面通过示例介绍订阅服务的过程。

1. 客户端发起订阅

在 App.java 中加入如下代码。

```
@PostConstruct
public void subscribeDemo() throws NacosException {
    // 参数 nacosDiscoveryProperties.getNacosProperties() 方法可以获取
    // YAML 文件的注册和发现的配置
    NamingService namingService =NamingFactory.createNamingService
    (nacosDiscoveryProperties.getNacosProperties());
    // provider 是指要订阅的微服务名
    namingService.subscribe("provider", new EventListener() {
      @Override
      public void onEvent(Event event) {
        //输出服务名
        System.out.println("serviceName:" +((NamingEvent)event).getServiceName());
        //这个服务名对应的所有实例
          System.out.println("instances:" +((NamingEvent)event).getInstances());
        }
    });
}
```

上述代码可以通过@PostConstruct 注解简化演示的过程。这个注解将在 Spring 初始化完成后执行。

订阅方应有一个需要两个参数的方法和一个需要三个参数的方法,示例使用的是两个参数的方法,如下所示。

```
void subscribe(String serviceName, EventListener listener) throws NacosException;

void subscribe (String serviceName, String groupName, EventListener listener)
throws NacosException;
```

这里的 serviceName 是要订阅的服务名,groupName 是要订阅的服务所在的分组,默认是 DEFAULT_GROUP,listener 则为订阅时注入的事件监听,程序通过其回调方法 onEvent(Event event)可及时获取被订阅服务的变更内容。

启动成功后,日志中已经有相应的事件输出了,如下所示。

```
serviceName:DEFAULT_GROUP@@provider
instances:[Instance{instanceId='192.168.1.104#8081#DEFAULT#DEFAULT_GROUP
@@provider', ip='192.168.1.104', port=8081, weight=1.0, healthy=true,
enabled=true, ephemeral=true, clusterName='DEFAULT', serviceName='DEFAULT_
GROUP@@provider', metadata={preserved.register.source=SPRING_CLOUD}}]
```

2. 触发订阅监听的执行

在 Nacos 管理页面/服务管理/服务列表中找到名为 provider 的服务，单击后面的“详情”按钮进入 provider 服务的详情页面，如图 3-6 所示。

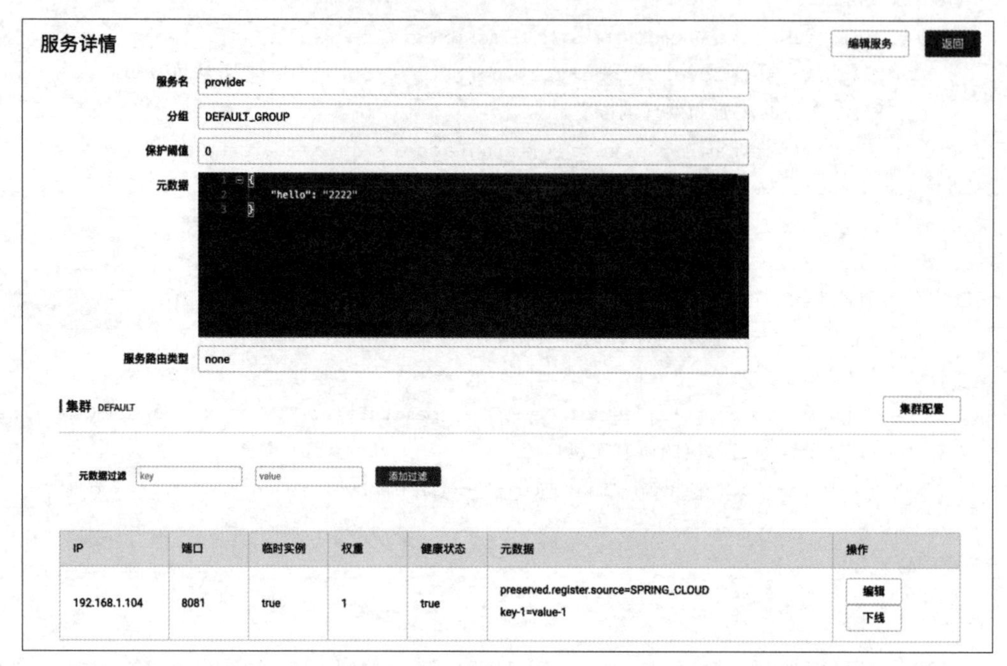

图 3-6 provider 服务的详情页面

单击“下线”按钮后，通过日志输出可以看到事件监听代码已经被执行，日志如下。

```
serviceName:DEFAULT_GROUP@@provider
instances:[]
```

通过日志可以看出，由于之前一共启动了一个服务实例，所以 instances 集合为空。再单击“上线”按钮，再次观察日志，日志如下。

```
serviceName:DEFAULT_GROUP@@provider
instances:[Instance{instanceId='192.168.1.104#8081#DEFAULT#DEFAULT_GROUP
@@provider', ip='192.168.1.104', port=8081, weight=1.0, healthy=true,
enabled=true, ephemeral=true, clusterName='DEFAULT', serviceName='DEFAULT_
GROUP@@provider', metadata={preserved.register.source=SPRING_CLOUD}}]
```

可以发现，通过上线操作，监听代码已经输出了刚上线的实例。

再通过服务实例看监听程序是否能接收刚才修改的数据，在图 3-6 中单击“上线”按钮、“下线”按钮上方的“编辑”按钮，打开的服务实例编辑页面如图 3-7 所示。

如图 3-7 所示，修改一下元数据，添加一对 key、value 值如下。

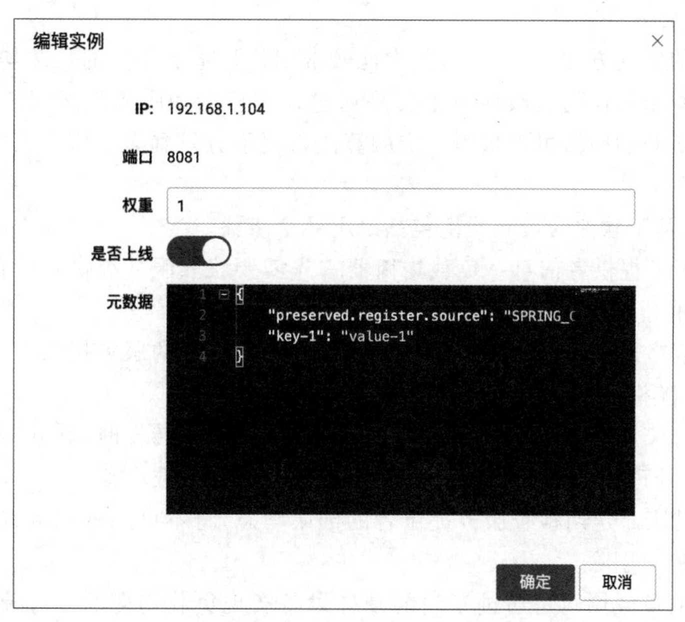

图 3-7 provider 服务其中一个实例

```
"key-1": "value-1"
```

单击“确定”按钮后保存，日志输出如下。

```
instances:[Instance{instanceId='192.168.1.104#8081#DEFAULT#DEFAULT_GROUP
@@provider', ip='192.168.1.104', port=8081, weight=1.0, healthy=true,
enabled=true, ephemeral=true, clusterName='DEFAULT', serviceName='DEFAULT_
GROUP@@provider', metadata={preserved.register.source=SPRING_CLOUD, key-1
=value-1}}]
```

从日志中可以看出，事件监听已经获取到了新的元数据的值。

3.4 服务的负载均衡

3.4.1 负载均衡的原理

微服务架构通常会有多个服务提供者提供同一种服务，例如，某个服务的接口实现会被部署到多个服务提供者上，这些服务提供者可能被部署在不同的物理机器上，而服务消费者需要从这些服务提供者中选择一个进行访问。负载均衡就是解决这个问题的一种技术手段。

负载均衡的原理是将服务请求分摊到多个服务提供者上，从而避免单一的服务提供者压力过大，提高系统的可用性和吞吐量。当一个服务消费者需要访问某个服务时，负载均衡器会根据负载均衡算法选择一个服务提供者，并将请求转发给该服务提供者。

负载均衡的实现方式有很多种，其中比较常用的是基于软件的负载均衡和基于硬件的负载均衡。基于软件的负载均衡主要是通过在客户端和服务端之间增加一个负载均衡器实现的。负载均衡器可以根据一定的算法将请求分发到多个服务器上，从而实现负载均衡。

具体来说，基于软件的负载均衡包括以下几个步骤。

（1）收集服务提供者信息。负载均衡器首先需要获取服务提供者的信息，包括服务地址、端口、权重等。

（2）根据策略选择。根据负载均衡策略选择一个合适的服务提供者，常见的负载均衡策略有轮询、随机、最小连接数等。

（3）转发请求。将请求转发给选中的服务提供者。在转发时，软件需要考虑服务提供者的可用性、处理请求的时间等因素，以便更好地实现负载均衡。

（4）检查健康。定期检查服务提供者的健康状态，将不可用的服务提供者从负载均衡器的可用列表中剔除。

基于硬件的负载均衡是通过专门的硬件设备实现负载均衡的。这种方式的优点是效率高、性能稳定、处理能力强，特别是在高负载的情况下，基于硬件的负载均衡能够提供更好的性能和可靠性。常见的基于硬件的负载均衡设备包括F5、Cisco等，它们具有高稳定性、高性能，但缺乏灵活的扩展性，资金成本也比较高。

目前微服务架构一般采用的是基于软件的负载均衡。

3.4.2 负载均衡的算法

负载均衡的算法指负载均衡器在选择服务提供者时所采用的算法，常见的负载均衡算法有以下几种。

（1）随机算法：随机选择一个服务提供者。

（2）轮询算法：轮流选择每个服务提供者，循环往复。

（3）最少连接数算法：将请求分配给连接数最少的服务器。

（4）最小连接数算法：选择当前连接数最小的服务提供者。

（5）最少活跃数算法：选择处理请求最少的服务提供者。

（6）带权重的随机算法：根据服务提供者的权重随机选择一个服务提供者。

（7）带权重的轮询算法：根据服务提供者的权重轮流选择服务提供者，按照权重分配请求。

（8）IP哈希算法：根据服务消费者的IP地址选择服务提供者，从而保证同一客户端的请求始终被转发到同一台服务提供者。

（9）带权重的最少活跃数算法：根据服务提供者的权重选择处理请求最少的服务提供者。

3.5 在 Nacos 中如何实现负载均衡

3.5.1 Nacos 的负载均衡机制概述

作为一个服务发现和配置管理平台，Nacos 的负载均衡机制目的是将客户端请求分发到多个服务实例上，从而提高系统的可用性和稳定性。

Nacos 支持多种负载均衡策略，如随机、轮询、最小连接数等。通过对请求进行负载均衡，Nacos 可以将请求平均地分发到多个服务实例上，以提高服务的可用性和性能。Nacos 提供了两种负载均衡方式：一种是服务端负载均衡，即服务提供者在处理请求时进行负载均衡；另一种是客户端负载均衡，即服务消费者在发起请求前进行负载均衡。通常的负载均衡是指后者，本章提到的负载均衡也是客户端负载均衡。

服务端负载均衡是通过 Cluster 组件实现的。Cluster 组件会管理同一集群内的所有实例，并通过各种算法选择其中一台实例作为服务的提供者。下面是实现服务端负载均衡的具体步骤。

(1) 注册集群：将同一集群内的实例注册到同一个 Cluster 下面。

(2) 同步集群：各个结点将通过心跳同步集群信息，包括当前集群下的实例列表、结点健康状况等。

(3) 选择实例：根据指定的负载均衡算法，在集群内选择一台健康的实例作为服务提供者，将请求转发给该实例处理。

需要注意的是，在服务端负载均衡模式下，请求不会由客户端进行负载均衡选择，而是在服务端选择处理请求的实例，这样能够减少客户端的负担，并提高整体的请求处理效率。

Nacos 客户端负载均衡主要是由 Spring Cloud LoadBalancer 实现的。Spring Cloud LoadBalancer 是一个 Spring Cloud 子项目，它提供了一组负载均衡的抽象，不依赖任何具体的负载均衡实现，因此可以轻松地在不同的负载均衡算法之间切换，如 Random、Round Robin、Weighted Response Time 等。

在 Nacos 中，Spring Cloud LoadBalancer 与 Nacos Discovery 的集成实现了客户端的负载均衡。它通过监听 Nacos Server 中注册的服务实例信息获取服务实例的列表，并根据特定的负载均衡策略选择服务实例，从而实现客户端负载均衡。

3.5.2 基于 Spring Cloud LoadBalancer 实现的 Nacos 负载均衡

在 Spring Cloud 早期版本中，Ribbon 是负载均衡的核心组件，它是一个客户端负载均衡器，可以作为 HTTP 和 TCP 客户端的负载均衡器，主要功能是提供负载均衡算法和对服务实例列表的管理。

但是，从 Spring Cloud 2020.0.0 版本开始，Spring Cloud 官方推荐使用 Spring Cloud LoadBalancer 作为负载均衡器。Spring Cloud LoadBalancer 是一个基于 Ribbon 的轻量

级负载均衡器，它提供了一个可扩展的架构，允许开发者定义自己的负载均衡策略。

Spring Cloud LoadBalancer 的目标是提供一个更加灵活、简单、可扩展的负载均衡器，以取代 Ribbon。在未来的版本中，Ribbon 将会被 Spring Cloud LoadBalancer 替代，并且 Spring Cloud 社区也计划将 Ribbon 转移到 Spring Cloud 外。

需要注意的是，虽然取代了 Ribbon，但是 Spring Cloud LoadBalancer 仍然支持 Ribbon 的所有负载均衡算法，并且提供了一些新的负载均衡算法。此外，Spring Cloud LoadBalancer 还提供了一个更加简单、灵活的 API，可以让开发者更加方便地自定义负载均衡策略。

接下来重点说一下 Spring Cloud Load，本章使用的 Nacos 版本是 2021 版本，已经没有自带 Ribbon 的整合，需要引入另一个支持的 jar 包——LoadBalancer。

```
<dependency>
  <groupId>org.springframework.cloud</groupId>
  <artifactId>spring-cloud-starter-loadbalancer</artifactId>
</dependency>
```

接下来配置负载均衡器，如下所示。

```
package com.etoak.tutorial.nacos;
import org.springframework.cloud.client.loadbalancer.LoadBalanced;
import org.springframework.context.annotation.Bean;
import org.springframework.context.annotation.Configuration;
import org.springframework.web.client.RestTemplate;

  @Configuration
  /* 指定自定义配置文件，配置 LoadBalancer 的负载均衡算法。如果未配置，那么默认就
是 RoundRobinLoadBalancer 轮询策略 */
  public class RestTemplateConfig {
    @Bean
    @LoadBalanced             //添加负载均衡支持
    public RestTemplate restTemplate() {
      System.out.println("初始化 restTemplate");
      return new RestTemplate();
  }
}
```

上面的配置可以实现基本的负载均衡功能，负载均衡的默认配置为轮询配置。Spring 5 之后，上面的代码还可以以如下方式书写。

```
@Bean
@LoadBalanced
```

```
public WebClient.Builder loadBalancedWebClientBuilder() {
    return WebClient.builder();
}
```

WebClient 是在 Spring 5 中最新引入的，读者可以将其理解为 reactive 版的 RestTemplate。其支持响应式编程方式，支持非阻塞特性，这部分内容非本章重点内容，读者可自行学习这方面的知识。

LoadBalancer 只提供了两种负载均衡器，默认用的是轮询方式。

(1) RandomLoadBalancer 随机策略。

(2) RoundRobinLoadBalancer 轮询策略(默认)。

为了体现有负载均衡和效果，需要增加 provider 服务实例的个数，具体可以通过下面命令行实现。首先，启动三个 provider，其中 provider-0.0.1-SNAPSHOT.jar 是通过 mvn package 命令打的 Spring Boot 可运行的 jar 包。

```
java -Dserver.port=8081 -jar provider-0.0.1-SNAPSHOT.jar
java -Dserver.port=8082 -jar provider-0.0.1-SNAPSHOT.jar
java -Dserver.port=8083 -jar provider-0.0.1-SNAPSHOT.jar
```

项目中三个不同实例可能在不同机器上，如果不具备多机条件或简化测试环境，那么可以在本机通过变换端口号的方式启动三个实例。

然后，通过 Nacos 的服务管理页面的服务列表验证 provider 服务是否启动了 3 个实例，如图 3-8 所示。

图 3-8 服务列表

为了在调用 add 服务时能体现来自不同的服务实例的效果，须改变 add()方法的代码，如下所示。

```
package com.etoak.tutorial.nacos;
import org.springframework.beans.factory.annotation.Autowired;
import org.springframework.core.env.Environment;
import org.springframework.web.bind.annotation.RequestMapping;
import org.springframework.web.bind.annotation.RequestParam;
```

```
import org.springframework.web.bind.annotation.RestController;

  @RestController
  public class AddController {
    @Autowired
    private Environment env;
    @RequestMapping("/add")
    public String add(@RequestParam int a, @RequestParam int b) {
      int result =a +b;
      //本地端口号
      String port =env.getProperty("server.port");
      return "The result is " +result +" from remote service [provider], local
      port:" +port;
    }
}
```

上面代码通过“env.getProperty("server.port");”语句获取本服务实例启动时所使用的端口号，在客户端发起调用返回时通过输出响应信息就能得知这个调用是来自哪个服务实例。

接下来看客户端使用负载均衡。

```
ConfigurableApplicationContext context = SpringApplication.run(App.class,
args);
RestTemplate restTemplate =context.getBean(RestTemplate.class);
//调用 20 次,通过观察返回结果看负载均衡策略的效果
for(int i =0; i <21; i++) {
    ResponseEntity < String > resp = restTemplate.getForEntity("http://
    provider/add?a=10&b=20", String.class);
   if(resp.getStatusCode().is2xxSuccessful()) {
     System.out.println(resp.getStatusCode().value() +" :: " +resp.getBody());
   } else {
     System.out.println(resp.getStatusCode().value() +" :: " +resp.getBody());
   }
}
```

运行效果如下。

```
200 :: The result is 30 from remote service [provider], local port:8083
200 :: The result is 30 from remote service [provider], local port:8081
200 :: The result is 30 from remote service [provider], local port:8082
200 :: The result is 30 from remote service [provider], local port:8083
200 :: The result is 30 from remote service [provider], local port:8081
```

```
200 :: The result is 30 from remote service [provider], local port:8082
200 :: The result is 30 from remote service [provider], local port:8083
200 :: The result is 30 from remote service [provider], local port:8081
200 :: The result is 30 from remote service [provider], local port:8082
200 :: The result is 30 from remote service [provider], local port:8083
200 :: The result is 30 from remote service [provider], local port:8081
200 :: The result is 30 from remote service [provider], local port:8082
200 :: The result is 30 from remote service [provider], local port:8083
200 :: The result is 30 from remote service [provider], local port:8081
200 :: The result is 30 from remote service [provider], local port:8082
200 :: The result is 30 from remote service [provider], local port:8083
200 :: The result is 30 from remote service [provider], local port:8081
200 :: The result is 30 from remote service [provider], local port:8082
200 :: The result is 30 from remote service [provider], local port:8083
200 :: The result is 30 from remote service [provider], local port:8081
200 :: The result is 30 from remote service [provider], local port:8082
```

观察上面控制台输出的结果，通过端口号最后一位可以看出，调用顺序是3，1，2，3，1，2，…，这就是一个RoundRobinLoadBalancer轮询策略的效果。接下来切换负载均衡策略，使用RandomLoadBalancer随机策略。这需要改造客户端consumer代码，但不需要改动提供者provider代码。

RestTemplateConfig代码如下。

```
package com.etoak.tutorial.nacos;
import org.springframework.cloud.client.loadbalancer.LoadBalanced;
import org.springframework.cloud.loadbalancer.annotation.LoadBalancerClients;
import org.springframework.context.annotation.Bean;
import org.springframework.context.annotation.Configuration;
import org.springframework.web.client.RestTemplate;
import cannotscanned.RandomLoadBalancerConfig;

  @Configuration
  //通过这个配置项切换负载均衡策略为随机策略
  @LoadBalancerClients(defaultConfiguration = {RandomLoadBalancerConfig.
  class})
  public class RestTemplateConfig {
    @Bean
    @LoadBalanced          //添加负载均衡支持
    public RestTemplate restTemplate() {
      System.out.println("初始化 restTemplate");
      return new RestTemplate();
    }
  }
```

RandomLoadBalancerConfig.java代码如下。

```
package cannotscanned;
import org.springframework.cloud.client.ServiceInstance;
import org.springframework.cloud.loadbalancer.core.RandomLoadBalancer;
import org.springframework.cloud.loadbalancer.core.ReactorLoadBalancer;
import org.springframework.cloud.loadbalancer.core.ServiceInstanceList-
Supplier;
import org.springframework.cloud.loadbalancer.support.LoadBalancerClient-
Factory;
import org.springframework.context.annotation.Bean;
import org.springframework.core.env.Environment;

  public class RandomLoadBalancerConfig {
    @Bean
    ReactorLoadBalancer<ServiceInstance> randomLoadBalancer(Environment
    environment, LoadBalancerClientFactory loadBalancerClientFactory) {
      System.out.println("init ReactorLoadBalancer");
      String name =environment.getProperty(LoadBalancerClientFactory.
      PROPERTY_NAME);
      return new RandomLoadBalancer(loadBalancerClientFactory.
      getLazyProvider(name, ServiceInstanceListSupplier.class), name);
    }

  }
```

再次运行如下代码。

```
ConfigurableApplicationContext context = SpringApplication.run(App.class,
args);
RestTemplate restTemplate =context.getBean(RestTemplate.class);
//调用 20 次,通过观察返回结果看负载均衡策略的效果
for(int i =0; i <21; i++) {
     ResponseEntity < String > resp = restTemplate.getForEntity ( " http://
     provider/add?a=10&b=20", String.class);
    if(resp.getStatusCode().is2xxSuccessful()) {
      System.out.println(resp.getStatusCode().value() +" :: " +resp.getBody());
    } else {
      System.out.println(resp.getStatusCode().value() +" :: " +resp.getBody());
    }
}
```

运行结果如下。

```
200 :: The result is 30 from remote service [provider], local port:8081
200 :: The result is 30 from remote service [provider], local port:8082
200 :: The result is 30 from remote service [provider], local port:8082
200 :: The result is 30 from remote service [provider], local port:8081
200 :: The result is 30 from remote service [provider], local port:8083
200 :: The result is 30 from remote service [provider], local port:8081
200 :: The result is 30 from remote service [provider], local port:8082
200 :: The result is 30 from remote service [provider], local port:8083
200 :: The result is 30 from remote service [provider], local port:8083
200 :: The result is 30 from remote service [provider], local port:8082
200 :: The result is 30 from remote service [provider], local port:8082
200 :: The result is 30 from remote service [provider], local port:8083
200 :: The result is 30 from remote service [provider], local port:8081
200 :: The result is 30 from remote service [provider], local port:8082
200 :: The result is 30 from remote service [provider], local port:8081
200 :: The result is 30 from remote service [provider], local port:8081
200 :: The result is 30 from remote service [provider], local port:8081
200 :: The result is 30 from remote service [provider], local port:8082
200 :: The result is 30 from remote service [provider], local port:8082
200 :: The result is 30 from remote service [provider], local port:8082
200 :: The result is 30 from remote service [provider], local port:8083
```

通过日志中端口号出现的顺序可知,RandomLoadBalancer 随机策略已经生效了。

接下来再看扩展负载均衡策略的例子,实现一个最小连接的负载均衡策略,代码如下。

LeastConnectionLoadBalancerConfig.java 代码如下。

```
package cannotscanned;
import java.util.List;
import java.util.concurrent.ThreadLocalRandom;
import java.util.concurrent.atomic.AtomicInteger;
import org.springframework.beans.factory.ObjectProvider;
import org.springframework.cloud.client.ServiceInstance;
import org.springframework.cloud.client.loadbalancer.DefaultResponse;
import org.springframework.cloud.client.loadbalancer.Request;
import org.springframework.cloud.client.loadbalancer.Response;
import org.springframework.cloud.loadbalancer.core.
NoopServiceInstanceListSupplier;
import org.springframework.cloud.loadbalancer.core.ReactorLoadBalancer;
import org.springframework.cloud.loadbalancer.core.
ReactorServiceInstanceLoadBalancer;
import org.springframework.cloud.loadbalancer.core.ServiceInstanceListSupplier;
import org.springframework.cloud.loadbalancer.support.LoadBalancerClientFactory;
```

```
import org.springframework.context.annotation.Bean;
import org.springframework.core.env.Environment;
import reactor.core.publisher.Mono;

public class LeastConnectionLoadBalancerConfig {
    //定义一个最少连接策略的 ReactorLoadBalancer Bean,并将其设置为默认
    //的 LoadBalancer
    @Bean
    public ReactorLoadBalancer<ServiceInstance>
    leastConnectionLoadBalancer(Environment environment, LoadBalancerClientFactory
    loadBalancerClientFactory) {
      //定义负载均衡器的名称,可根据需求自行设置
        String name = environment.getProperty(LoadBalancerClientFactory.
        PROPERTY_NAME);
      //创建一个 LeastConnectionLoadBalancer 对象并返回
        return new LeastConnectionLoadBalancer(loadBalancerClientFactory.
        getLazyProvider(name, ServiceInstanceListSupplier.class),name);
    }
   /**
    * 继承 RandomLoadBalancer 类,重写 choose() 方法实现最少连接的负载均衡策略
    */
      private static final class LeastConnectionLoadBalancer implements
      ReactorServiceInstanceLoadBalancer {
      //维护一个连接数的 AtomicInteger 对象,确保线程安全
      private final AtomicInteger count =new AtomicInteger(0);
      private final String serviceId;
      private ObjectProvider<ServiceInstanceListSupplier>provider;
      /**
        * LeastConnectionLoadBalancer 的构造函数,传入 ServiceInstanceListSupplier 和
          负载均衡器的名称
        * @param provider 负载均衡器从中获取可用服务实例列表的接口
        * @param serviceId 负载均衡器的名称
        */
    private LeastConnectionLoadBalancer(ObjectProvider
    <ServiceInstanceListSupplier>provider, String serviceId) {
      this.provider =provider;
      this.serviceId =serviceId;
    }
    /**
     * 重写 RandomLoadBalancer 类的 chooseRandomInt() 方法实现最少连接的负载均
       衡策略
     */
```

```
@Override
public Mono<Response<ServiceInstance>>choose(Request request) {
  ServiceInstanceListSupplier  supplier  =  provider. getIfAvailable
  (NoopServiceInstanceListSupplier::new);
  return supplier.get(request).next().map(this::getInstanceResponse);
}
private Response<ServiceInstance>getInstanceResponse(List
<ServiceInstance>instances) {
  //维护一个数组,存储所有可用服务实例的连接数
  int[] connections =new int[instances.size()];
  //遍历所有可用的服务实例,获取每个服务实例的连接数并存储到 connections 数
  //组中
  for (int i =0; i <connections.length; i++) {
    /* 如果元数据中包含 connections 属性,则使用 connections 属性的值作为连接
      数,否则默认为 0 */
    connections[i] =instances.get(i).getMetadata().containsKey
    ("connections") ? Integer.parseInt(instances.get(i).getMetadata().
    get("connections")) : 0;
  }
  //遍历 connections 数组,获取最小的连接数
  int minConnections =Integer.MAX_VALUE;
  for (int i =0; i <connections.length; i++) {
    if (connections[i] <minConnections) {        //找到最小连接数
      minConnections =connections[i];
    }
  }
  int minConnectionCount =0;
  for (int i =0; i <connections.length; i++) {
    if (connections[i] ==minConnections) {       //统计最小连接数的实例个数
      minConnectionCount++;
    }
  }
  int[] candidates =new int[minConnectionCount];
  int index =0;
  for (int i =0; i <connections.length; i++) {
    if (connections[i] ==minConnections) {   //找到所有最小连接数的实例下标
      candidates[index++] =i;
    }
  }
  if (candidates.length ==1) {
                              //如果只有一个最小连接数的实例,则直接返回其下标
    return new DefaultResponse(instances.get(candidates[0]));
```

```
        }
        int randomInt = ThreadLocalRandom.current().nextInt(candidates.length);
                                /* 如果有多个最小连接数的实例,则从其中随机选取一个 */
        return new DefaultResponse(instances.get(candidates[randomInt]));
    }
}
```

上面代码中,如果要通过"instances.get(i).getMetadata().containsKey("connections")"语句获取连接数,则需要实现一个获取当前连接数并每隔一段时间上报到 Nacos 的逻辑,这一块读者可以自己想一下怎么实现。

以上部分就是 Spring Cloud + Nacos 注册中心实现负载均衡的过程,其中包含了 Nacos 2021 中自带的两个常用的负载均衡器:轮询和随机策略,能适用于大多数场景。最后又自定义了一个最小连接的策略。这其实是基于 Spring Cloud LoadBalancer 强大的扩展能力实现的,虽然它取代了 Ribbon,但是它仍然可以通过自定义方式支持 Ribbon 的所有负载均衡算法。

第4章 chapter 4

Nacos配置中心

本章学习目标

- 了解Nacos配置中心的基本概念
- 学习使用Nacos配置中心的方法
- 学习Nacos配置中心的自动刷新机制和持久化机制

本章准备工作

开发者需要提前准备的开发环境和开发工具包括IDEA、JDK 11+、Maven 3.0+、Nacos 2.1.0+、MySQL 5.6.5+。

Nacos是一个开源、功能强大、易于使用的配置管理工具,它可以帮助开发者更加高效地实现动态配置管理。Nacos的配置中心功能可以让开发者将配置信息存储在Nacos Server中,并在应用程序启动时动态地获取这些配置。这样,开发者就可以将应用程序配置与代码分离,从而更加方便地进行配置管理。阅读本章,读者可以学习在Nacos配置中心中创建、修改、删除配置,以及将配置应用到应用程序中;读者也可以学习使用Nacos配置中心的监听器机制以自动刷新配置,并了解其工作原理。

4.1 配置中心概述

4.1.1 背景

通过前面的章节读者们应该发现,在使用Spring Boot开发项目的时候,开发者会使用一个名称为application.yml的文件,将系统需要的一些配置写入该文件中,例如,服务端口号、数据源的连接点地址等。随着互联网的发展,网站应用的规模不断扩大,系统架构也将由传统的单体应用架构演变为现在的微服务架构,并且每个微服务都需要维护自身的配置文件,每修改一项配置都要重启该服务。使用配置中心,开发者可以在不同的结点设置不同的配置,并对各种配置进行相应的操作。

4.1.2 应用

开发者利用配置中心能管理所有环境中应用程序的外部属性，并且能在运行期间进行动态化的实时调整，这样就不再需要逐一修改每个服务的配置，大大减少了由于配置修改造成的运维成本。同时也便于在配置修改完毕后将修改过后的配置同步给应用中的每个服务。

以下是配置中心的作用。

（1）统一管理系统配置文件。

（2）支持对所有环境下的配置文件进行频繁更新和部署。

（3）无须重启服务即可动态化调整配置。

（4）简单易用、易于管理。

配置中心一般包括如下组件。

（1）配置存储方式：用于存储应用程序的配置信息，可以使用文件系统、数据库或者云存储等方式实现。

（2）配置管理工具：用于管理配置信息，包括新增、修改、删除等操作。

（3）配置发布工具：用于将配置信息发布到各个应用程序结点。

（4）配置客户端：用于从配置中心获取配置信息并将之应用到应用程序中。

4.1.3 Nacos 概述

Nacos 可以让开发者以中心化、外部化和动态化的方式管理所有环境的应用配置和服务配置。动态配置消除了配置变更时重新部署应用和服务的需求，让配置管理变得更加高效和敏捷。Nacos 配置中心化管理让无状态服务变得更简单，让按需弹性扩展服务变得更容易。另外，Nacos 提供了一个简洁易用的 UI 帮助开发者管理所有的服务和应用的配置。

在学习使用 Nacos 之前，开发者需要先了解 Nacos 的相关概念。

1. 命名空间

用于租户粒度的配置隔离。不同的命名空间可以存在相同的 Group 或 Data ID 的配置。命名空间的常用场景之一是区分隔离不同环境的配置，例如，开发测试环境和生产环境的资源（如配置、服务）隔离等。

2. 配置文件

在系统开发过程中，开发者通常会将一些需要变更的参数、变量等从代码中分离出来独立管理，使之以独立的配置文件的形式存在，目的是让静态的系统工件或者交付物（如 war、jar 包等）更好地和实际的物理运行环境适配。配置管理一般被包含在系统部署的过程中，由系统管理员或者运维人员实现。配置变更是调整系统运行时行为的有效手段。

3. 配置管理

系统配置的编辑、存储、分发、变更审计、变更管理、历史版本管理等所有与配置相关的活动。

4. 配置项

一个具体的、可配置的参数与其值域，通常以"param-key=param-value"的形式存在。例如，开发人员常配置系统的日志输出级别(logLevel=INFO|WARN|ERROR)就是一个配置项。

5. 配置集

一组相关或者不相关的配置项的集合称为配置集。在系统中，一个配置文件通常就是一个配置集，其包含了系统各方面的配置。例如，一个配置集可能包含数据源、线程池、日志级别等配置项。

6. 配置集 ID

Nacos 中的某个配置集 ID(Data ID)。配置集 ID 是组织划分配置的维度之一，其通常被用于组织划分系统的配置集。一个系统或应用可以包含多个配置集，每个配置集都可以被一个有意义的名称标识。

7. 配置分组

Nacos 中的一组配置集，是组织配置的维度之一。通过一个有意义的字符串对配置集进行分组可以有效地区分 Data ID 相同的配置集。当用户在 Nacos 上创建一个配置时，如果未填写配置分组的名称，则配置分组的名称默认为 DEFAULT_GROUP。

4.2 Nacos 使用案例

Nacos 融合 Spring Cloud 作为配置中心，主要面向 Spring Cloud 的使用者，本节将通过案例介绍使用 Nacos 实现分布式环境下的配置管理的方法。

4.2.1 环境要求

下载 Nacos 并启动 Nacos Server。

1. Linux/UNIX/macOS 系统

启动命令(standalone 代表单机模式运行，非集群模式)如下。

```
sh startup.sh -m standalone
```

如果用户使用的是 Ubuntu 系统,或运行脚本报错“提示符号找不到”,可尝试以如下方式运行。

```
bash startup.sh -m standalone
```

2. Windows 系统

启动命令(standalone 代表单机模式运行,非集群模式)如下。

```
startup.cmd -m standalone
```

4.2.2 使用 Nacos 配置中心

1. 创建 Maven 项目

使用 IDEA 创建一个空的 Maven 项目,在 pom.xml 文件中添加 Nacos 相关依赖及 Nacos Config 相关依赖。

```
<!--Alibaba Nacos 相关依赖 -->
<dependency>
  <groupId>com.alibaba.cloud</groupId>
  <artifactId>spring-cloud-starter-alibaba-nacos-discovery</artifactId>
</dependency>
<dependency>
  <groupId>com.alibaba.cloud</groupId>
  <artifactId>spring-cloud-starter-alibaba-nacos-config</artifactId>
</dependency>
<!--Boot Strap 相关依赖 -->
<dependency>
  <groupId>org.springframework.cloud</groupId>
  <artifactId>spring-cloud-starter-bootstrap</artifactId>
</dependency>
```

2. 添加 Nacos 配置

在 src/main/resources 目录下创建 bootstrap.yml,并在该文件中添加端口号配置、Spring Boot 相关配置、Nacos 相关配置。

```
#项目访问端口设置
server:
```

```
  port: 8080
#Nacos 相关配置
spring:
  application:
    name: nacos-config-hello
  profiles:
    active: dev
  cloud:
    nacos:
      discovery:
        server-addr: localhost:8848
      config:
server-addr: localhost:8848
file-extension: yml
```

3. 创建配置集

在 Nacos 控制台的配置管理中新增 Data ID,创建 Data ID 的方式在后续章节中将有介绍,如图 4-1 所示。

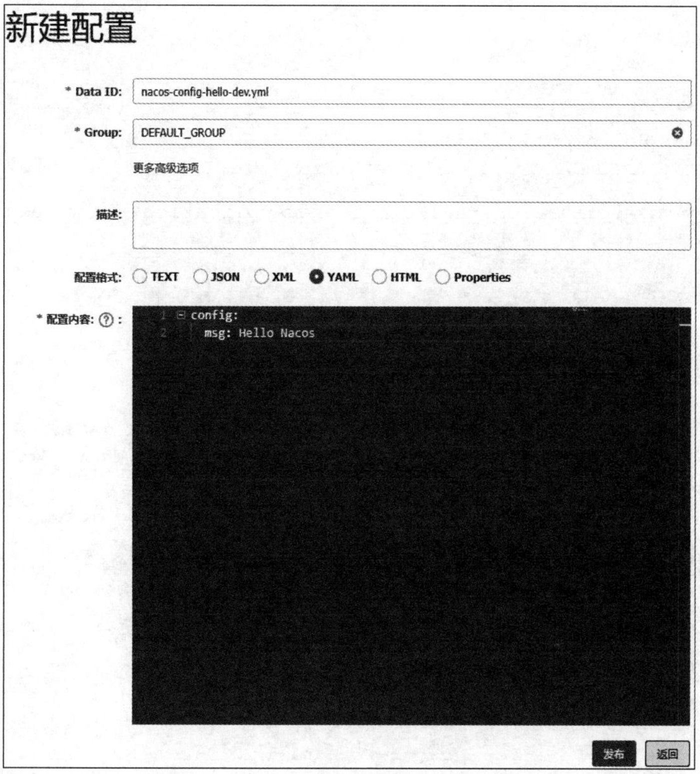

图 4-1　在 Nacos 控制台上新建配置集

Nacos配置中心支持多种配置格式，包括properties、XML、JSON和YAML等。下面简要介绍每种配置格式的特点和用法。

(1) properties格式：一种常用的配置文件格式，适合存储键-值对类型的配置信息，例如，数据库连接信息、日志级别等。properties格式的配置文件以properties为扩展名，每行配置信息由"键=值"组成，可以使用"#"符号添加注释信息。

(2) XML格式：一种标记语言，适合存储结构化的配置信息，如Web应用程序的部署描述文件(Web.xml)、Spring应用程序上下文文件(applicationContext.xml)等。XML格式的配置文件以xml为扩展名，使用标签(<tag>)和属性(attribute)描述配置信息。

(3) JSON格式：一种轻量级的数据交换格式，适合存储复杂的数据结构和对象，如应用程序中的Java对象、Web API的返回结果等。JSON格式的配置文件以json为扩展名，使用键-值对(key:value)和数组([item1, item2])描述配置信息。

(4) YAML格式：一种易读易写的数据序列化格式，适合存储结构化的配置信息，如Docker Compose文件、Kubernetes配置文件等。YAML格式的配置文件以yml或yaml为扩展名，使用缩进和冒号(:)描述配置信息，不需要使用大量的标记符号和括号。

不同的配置格式适用于不同的场景和需求。Nacos配置中心支持多种配置格式，开发者可以根据实际情况选择合适的配置格式进行配置管理。

4. 编写启动类

```
@SpringBootApplication
public class HelloConfigApplication {
    public static void main(String[] args) {
        SpringApplication.run(HelloConfigApplication.class, args);
    }
}
```

5. 编写测试类，获取Nacos配置中心配置项

```
@SpringBootTest
public class HelloConfigTest {
    @Value("${config.msg}")
    private String message;
    @Test
    public void test() {
        System.out.println(message);
    }
}
```

6. 运行测试类,查看结果

```
INFO 45588 ---[ient-executor-6] com.alibaba.nacos.common.remote.client :
[831a0af2-2b42-4314-a224-aee32d14c6f6] Receive server push request, request
=NotifySubscriberRequest, requestId =2
INFO 45588 ---[ient-executor-6] com.alibaba.nacos.common.remote.client :
[831a0af2-2b42-4314-a224-aee32d14c6f6] Ack server push request, request =
NotifySubscriberRequest, requestId =2
Hello Nacos
```

4.2.3 Data ID格式

在Nacos配置中心,Data ID被用于唯一标识一个配置项的字符串。它由两部分组成,即Group和Data ID。其中Group是一个字符串,用于对多个配置项进行分类管理;Data ID也是一个字符串,用于唯一标识一个配置项。

Data ID的格式并没有强制要求,可以由开发者根据具体的业务需求自由定义。一般来说,Data ID可以采用类似Java包名的命名规则,即com.example.service.config,也可以采用类似URI的命名规则,即/service/config。此外,还可以根据不同的环境和应用程序命名,如dev.config、prod.config等。

下面说明采用类似Java包名的命名规则,Data ID的完整格式如下。

```
${prefix}-${spring.profiles.active}.${file-extension}
```

1. ${prefix}

默认值为spring.application.name的值,也可以由开发者通过spring.cloud.nacos.config.prefix项配置。在上一个案例中,开发者没有给出spring.cloud.nacos.config.prefix的配置,所以${prefix}的值就是spring.application.name的值:nacos-config-hello。

2. ${spring.profiles.active}

Spring Boot项目允许开发者按照一定的格式定义多个环境中(开发环境、测试环境、生产环境等)的配置文件,然后通过spring.profiles.active启动某些环境的配置文件。当spring.profiles.active为空时,对应的连接符“-”也将不存在,Data ID的拼接格式变成了${prefix}.${file-extension}。

3. ${file-extension}

这是配置内容的数据格式,开发者可以通过配置项spring.cloud.nacos.config.file-extension修改,其支持properties、YAML类型,默认值是properties。案例的boostrap.

yml 配置与 Data ID 的关系如图 4-2 所示。

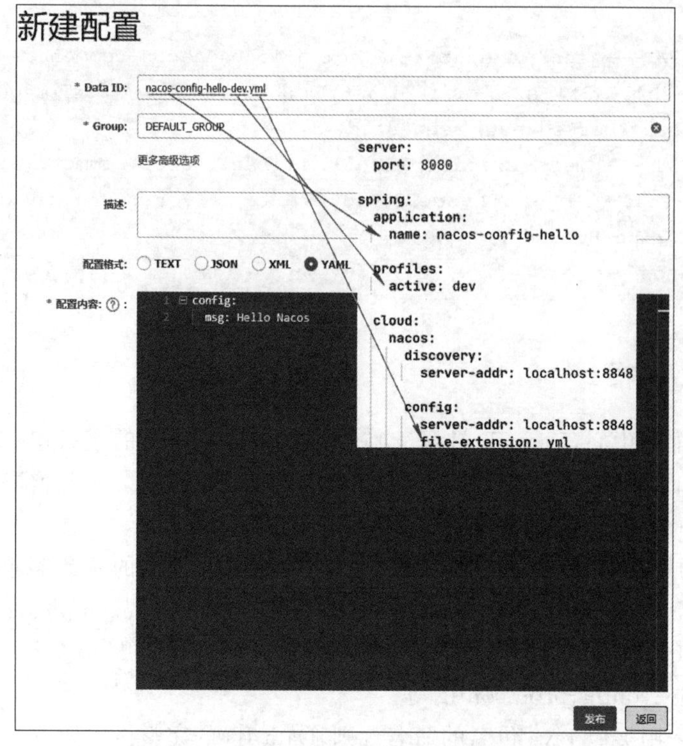

图 4-2 boostrap.yml 配置与 Data ID 的关系

Nacos 配置信息自动刷新

4.3 配置信息自动刷新

在 Nacos 配置中心,自动刷新配置信息是一项非常重要的功能。配置信息自动刷新功能可以大大简化配置管理的工作量,提高应用程序的可维护性和可靠性。当需要调整生产环境配置参数,但又没有配置中心支持的情况下,开发者只能重启应用以加载新参数,这可能会影响业务系统运行,太暴力且不优雅。

4.3.1 @RefreshScope 注解

@RefreshScope 注解是 Spring Cloud 中被用于支持配置信息自动刷新的注解。在使用 Nacos 配置中心时,开发者可以在配置类或者 Bean 上添加 @RefreshScope 注解以启用自动刷新功能。

在应用程序启动时,Nacos 会从配置中心获取配置信息,并将其注入配置类或 Bean 中。如果配置信息发生变化,那么 Nacos 将自动通知应用程序,并将最新的配置信息推送给应用程序,从而实现配置信息自动刷新。

4.3.2 配置信息自动刷新过程

(1) 创建 HelloController，读取配置中心信息。在上述案例中，创建 HelloController，代码如下。

```
@RestController
public class HelloController {
    @Value("${config.msg}")
    private String message;

    @RequestMapping("/hello")
    public String hello() {
      return message;
    }
}
```

(2) 启动服务，查看结果。在浏览器中请求 http://localhost:8080/hello 接口，如图 4-3 所示。

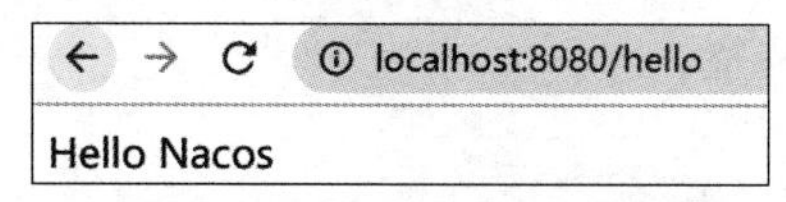

图 4-3 查看启动服务结果

(3) 添加注解。在 HelloController 类上添加注解@RefreshScope，重启服务。

```
@RestController
@RefreshScope
public class HelloController {
    @Value("${config.msg}")
    private String message;

    @RequestMapping("/hello")
    public String hello() {
        return message;
    }
}
```

(4) 修改配置信息。修改 Nacos 控制台配置 config.msg 的配置值，如图 4-4 所示。修改完成后，IDEA 控制台打印日志如下。

```
INFO 56792 ---[ternal.notifier] o.s.c.e.event.RefreshEventListener    :
Refresh keys changed: [config.msg]
```

可以注意到 config.msg 已经被刷新了，其在不重启服务的前提下再次调用了服务接

图 4-4　修改 Nacos 控制台配置信息

口。需要注意的是，配置信息自动刷新可能会对系统性能产生一定的影响，尤其是在配置信息变化较频繁的情况下。因此，在使用自动刷新功能时需要权衡性能和实时性的关系，并应根据实际情况进行调整。

配置中心持久化

4.4　配置中心持久化

Nacos 配置中心支持将配置信息持久化地保存到磁盘上，以保证配置信息的持久化和高可用性。

Nacos 早期的版本在单机模式时使用嵌入式数据库实现数据的存储，这一设置并不方便开发者观察数据存储的基本情况。新版本 Nacos 增加了支持 MySQL 数据源能力，另外开发者也可以在 PostgreSQL、Oracle、Redis 等数据库中存储配置信息，本节只介绍 Nacos 将配置信息持久化到 MySQL 数据库中的方法。

4.4.1　环境要求

确保计算机上已经安装了 MySQL，版本要求为 5.6.5＋。

4.4.2　实现步骤

（1）创建 MySQL 数据库。

① 数据库名称：Nacos。

② 数据库字符集：utf8mb4——UTF-8、Unicode。

③ 排序规则：utf8mb4_general_ci。

（2）初始化 MySQL 数据库。

数据库初始化文件：Nacos 安装根目录/conf/nacos-mysql.sql。初始化时可以采用 MySQL 的 source 命令或使用数据库连接工具直接（如 Navicat、Workbench 等）执行 SQL 文件。

初始化完成后数据库中将存在 config_info、users 等 12 张数据表，这些表是作为 Nacos 系统运行所必备的，开发人员在大多数情况下不需要有任何的修改，所以这里并未对每张表的结构做详细的解释。

（3）增加 MySQL 数据源配置。

修改 nacos/conf/application.properties 文件，增加 MySQL 数据源配置（目前只能支持 MySQL 数据库），添加 MySQL 数据源的 URL、用户名和密码，如下所示。

```
#If use MySQL as datasource:
spring.datasource.platform=mysql

#Count of DB:
db.num=1

#Connect URL of DB:
db.url.0=jdbc:mysql://127.0.0.1:3306/et2209_config?
characterEncoding=utf8
db.user.0=username
db.password.0=password
```

（4）以单机模式启动 Nacos，查看数据库持久化数据，完成配置信息持久化。

需要注意的是，使用不同的持久化方式需要配置不同的属性，具体的配置方式可以参考 Nacos 的官方文档。同时，不同的持久化方式在性能、可靠性和扩展性方面也有所不同，需要开发者根据实际情况进行选择。

第5章 chapter 5

OpenFeign 的原理与使用

本章学习目标

- ➢ 理解 OpenFeign 的概念和作用
- ➢ 掌握 OpenFeign 的基本用法和配置
- ➢ 熟悉 OpenFeign 的请求拦截器和错误处理机制
- ➢ 了解 OpenFeign 的内置负载均衡支持及其原理
- ➢ 掌握 OpenFeign 的高级用法，如动态 URL、文件上传、并发访问等

本章准备工作

开发人员需要提前准备的开发环境和开发工具包括 IDEA、JDK 11＋、Maven 3.0＋、Nacos 2.1.0＋、MySQL 5.6.5＋。

本章主要介绍了 OpenFeign，它是一种基于接口的声明式 Web 服务客户端，可以使编写 Web 服务客户端变得更加容易。OpenFeign 的使用方式类似 Spring MVC 的使用方式，用户只需定义一个接口并注解它，OpenFeign 就会自动为这个接口创建一个实现类。同时，本章还介绍了 OpenFeign 的一些高级特性，包括发现和注册服务、请求超时和重试、文件上传和下载、并发访问和线程池配置、请求拦截器，以及内置负载均衡等内容。

5.1 OpenFeign 介绍

5.1.1 服务间调用

在微服务架构中，服务之间需要进行相互调用和通信，以处理业务逻辑和共享数据。服务间调用问题是微服务架构的一个重要问题，主要包括以下方面。

1. 发现和注册服务

服务需要被注册到注册中心，以便其他服务可以发现并调用它们。发现和注册服务

通常需要由第三方工具实现，如 Consul、ZooKeeper、Eureka 和 Nacos 等。

2. 服务路由和负载均衡

服务之间的相互调用需要服务路由和负载均衡辅助，以实现请求的高可用和负载均衡。常用的负载均衡算法有轮询、随机和加权轮询等。

3. 请求超时和重试

由于服务间调用可能存在网络延迟或服务不可用等问题，因此需要实现请求超时和重试机制，以提高服务的可用性和稳健性。

4. 错误处理和日志记录

服务之间的相互调用可能存在各种错误，如网络异常、服务不可用等，因此需要实现错误处理和日志记录，以便进行故障排查和定位问题。

综上所述，开发者急需一种简单、方便、可靠的方式解决以上问题，作为一种轻量级的 RESTful 客户端工具，Feign 提供了一种简单、方便的方式以进行服务之间的相互调用，为开发者带来了很大的便利。随着 OpenFeign 的出现，它更是提供了丰富的功能和配置选项，包括发现服务、负载均衡、请求超时和重试、错误处理和日志记录等，为开发人员在服务间调用方面提供了更加完善的解决方案。

5.1.2 Feign 与 OpenFeign

Feign 是一个基于 Java 的 RESTful 客户端工具，它可以帮助开发者更加方便地实现服务间调用。由于 Feign 采用自动生成接口的方式，开发者只需要定义服务接口和相应的注解即可实现对远程服务调用。在使用 Feign 时，开发者只需要配置服务接口和调用方式，无须关心底层的实现细节，这可以使 Feign 具有较高的开发效率和易用性。

OpenFeign 是一个开源的、基于 Java 的 HTTP 客户端，是 Netflix 公司开源的项目之一，主要用于简化基于 HTTP 的微服务间通信。它是 Feign 的升级版本(8.18.0 之后，Nefflix 将其捐赠给 Spring Cloud 社区，并更名为 OpenFeign，OpenFeign 的第一个版本就是 9.0.0)，是一个基于 Feign 的 RESTful 客户端工具，并且具有更加强大的功能和配置选项。OpenFeign 支持多种协议和编解码器，可以进行服务发现、负载均衡、请求超时和重试、错误处理和日志记录等操作。OpenFeign 还支持自定义配置和扩展，开发人员可以根据自己的需求定制化配置，以适应不同的业务场景。OpenFeign 的出现进一步提高了服务间调用的效率和可靠性，为开发者在服务间调用方面提供了更加完善的解决方案。

OpenFeign 使开发者可以在不了解底层 HTTP 的情况下访问其他服务的接口，它通过自动生成 RESTful API 的方式隐藏底层 HTTP 细节。这样，开发者可以更专注于业务逻辑的实现，而不需要过多关注服务间通信细节。

5.2 OpenFeign 的原理

5.2.1 动态代理技术

OpenFeign 的原理是基于接口的动态代理技术自动生成 RESTful API 的客户端代码。其基本的功能如下。

1. 使用 Java 接口定义 RESTful API

开发者在 Java 接口中定义服务端提供的 RESTful API，包括接口的路径、请求方法、请求参数、返回值等信息。

2. 使用 Feign 注解标记接口

开发者使用 Feign 注解标记 Java 接口，以告知 OpenFeign 生成对应 RESTful API 的客户端代码。

3. Feign 动态代理

OpenFeign 使用基于接口的动态代理技术自动生成 Java 客户端代码，该客户端代码包含了与服务端交互所需的 HTTP 请求参数和请求头等信息。

4. 发送 HTTP 请求

在客户端代码中，OpenFeign 封装了发送 HTTP 请求的过程，包括请求头、请求体等信息，并使用 Apache HttpClient 或 OkHttp 等 HTTP 客户端库发送 HTTP 请求。

5. 解析 HTTP 响应

当服务端响应 HTTP 请求时，OpenFeign 将自动解析响应内容，并将其转换为 Java 对象，以便开发者在应用程序中使用。

通过这种方式，OpenFeign 可以使开发者在不了解底层 HTTP 的情况下直接使用 Java 接口调用远程服务，从而简化微服务架构中的服务间通信。

5.2.2 请求拦截器

OpenFeign 提供了请求拦截器(request interceptor)的机制，可以在请求发出前和响应返回后对请求和响应进行拦截和处理。这个机制在一些场景下非常有用，如下所示。

(1) 统一添加请求头，如用户鉴权、TraceId 等。

(2) 对请求记录日志，便于排查问题。

(3) 对请求签名、加密。

(4) 处理返回结果的错误，如处理全局异常、包装结果等。

OpenFeign 的请求拦截器是一个接口，名为 RequestInterceptor，它有两个方法，如下所示。

```
public interface RequestInterceptor {
    void apply(RequestTemplate template);
    boolean match(RequestTemplate template);
}
```

其中，apply()方法是必须实现的，它接收一个 RequestTemplate 对象，该对象包含了请求的所有信息，如请求方法、请求地址、请求头、请求体等。开发者可以在这个方法中对 RequestTemplate 进行修改，如添加请求头、修改请求地址等。

match()方法是可选实现的，它用于对请求进行过滤，只有返回 true 的请求才会被拦截器处理。这个方法可被用于一些特殊的场景，如只拦截某个特定的 URL。

下面是一个简单的示例，它演示了如何使用 RequestInterceptor 对请求进行拦截和处理。

```
@Component
public class AuthInterceptor implements RequestInterceptor {
    @Override
    public void apply(RequestTemplate template) {
        // 在请求头中添加 Authorization
        template.header("Authorization", "Bearer " +getToken());
    }
    private String getToken() {
        // 获取用户 Token
        // ...
    }
}
```

这个示例定义了一个 AuthInterceptor 拦截器，它在请求头中添加了一个 Authorization 字段，字段值为用户的 Token。这个 Token 是由调用 getToken()方法获取的。

要使用拦截器，只需要在 Feign 客户端接口添加一个@FeignClient 注解，指定 interceptor 属性为一个拦截器列表即可，如下所示。

```
@FeignClient(name ="example-service", configuration =ExampleConfiguration.
class, interceptor ={AuthInterceptor.class})
public interface ExampleFeignClient {
    // ...
}
```

这个示例指定了一个 AuthInterceptor 拦截器，它将被应用到 ExampleFeignClient 客户端的所有请求中。

5.2.3 内置的负载均衡支持

在 Spring Cloud 2020 版本发布之后，当开发者使用 Feign 调用服务时，内部实现默认使用的是 Spring Cloud LoadBalancer 进行负载均衡，并且默认的 HTTP 客户端是 Spring WebClient，而不是之前的 RestTemplate。在没有手动显式地写@LoadBalanced 注解的情况下，Feign 会在发送请求时使用 Spring WebClient，并通过 Spring Cloud LoadBalancer 实现负载均衡。这是因为在 Spring Cloud 2020 版本中，RestTemplate 的使用已经被 Spring 官方宣布为过时，并且官方建议使用 Spring WebClient 代替之。因此，使用 Feign 调用服务时，官方建议显式地在配置文件中指定 HTTP 客户端，并使用@LoadBalanced 注解声明客户端支持负载均衡。

Spring Cloud 2020 采用了 Spring Cloud LoadBalancer 作为其内置的负载均衡组件。Spring Cloud LoadBalancer 是 Spring Cloud 社区开发的负载均衡组件，其实现了与 Spring Cloud 集成的自动化配置和默认配置，并提供了一些定制化的负载均衡策略。

Spring Cloud LoadBalancer 提供了以下几个核心组件。

（1）LoadBalancerClient：用于从负载均衡器中获取服务的地址。

（2）ServiceInstanceListSupplier：用于获取服务实例列表。

（3）LoadBalancerInterceptor：用于拦截 RestTemplate 和 WebClient 发送的请求，从而实现自动化负载均衡。

Spring Cloud LoadBalancer 默认采用轮询的负载均衡策略，支持开发者通过自定义实现 LoadBalancerClient 接口扩展其他的负载均衡策略，如随机、最小并发等。

当使用 Spring Cloud OpenFeign 调用服务时，开发者可以在 FeignClient 上添加@LoadBalanced 注解以启用 Spring Cloud LoadBalancer 的负载均衡功能，从而实现自动化的负载均衡。

在使用 RestTemplate 和 WebClient 调用服务时，开发者可以不在创建 RestTemplate 和 WebClient 时添加 @LoadBalanced 注解，而是直接使用 Spring Cloud LoadBalancer 提供的拦截器 LoadBalancerInterceptor 以实现自动化负载均衡。这样，即使更改了服务实例的地址，开发者也不需要修改客户端的代码，因为 LoadBalancerInterceptor 会在每次发送请求时从负载均衡器中获取最新的服务实例地址。

5.3 使用 OpenFeign

1. 定义服务端 RESTful API

编写一个 Java 接口，定义服务端提供的 RESTful API，其中，@FeignClient 注解指定了服务端的名称和地址，告知 OpenFeign 生成对应的客户端代码。

```java
@FeignClient(name ="example-service", url ="http://localhost:8080")
public interface ExampleServiceClient {
    @GetMapping("/example/{id}")
    ExampleDto getExampleById(@PathVariable("id") Long id);
    @PostMapping("/example")
    ExampleDto createExample(@RequestBody ExampleDto example);
}
```

2. 调用服务端 RESTful API

在应用程序中，开发者可以通过自动注入 ExampleServiceClient 接口的方式调用服务端提供的 RESTful API。

```java
@RestController
public class ExampleController {
    @Autowired
    private ExampleServiceClient exampleServiceClient;
    @GetMapping("/example/{id}")
    public ExampleDto getExampleById(@PathVariable Long id) {
        return exampleServiceClient.getExampleById(id);
    }
    @PostMapping("/example")
    public ExampleDto createExample(@RequestBody ExampleDto exampleDto) {
        return exampleServiceClient.createExample(exampleDto);
    }
}
```

通过这种方式，开发者可以直接使用 Java 接口调用远程服务端提供的 RESTful API，而无须了解底层 HTTP 的细节。同时，OpenFeign 提供了灵活的配置方式，使开发者可以自定义 HTTP 请求参数、请求头、请求体等信息，以满足不同的需求。

5.4 OpenFeign的使用场景

OpenFeign的使用和扩展

下文将结合具体的场景讲解 OpenFeign 的使用场景。

使用一个开源的在线仿冒 API 地址 https://jsonplaceholder.typicode.com 作为提供者（被调用服务），可以使用的测试 API 如下。

```
GET     /posts
GET     /posts/1
GET     /posts/1/comments
GET     /comments?postId=1
POST    /posts
```

```
PUT      /posts/1
PATCH    /posts/1
DELETE   /posts/1
```

1. 引入项目依赖

新建一个 POM 文件(可以使用 spring.io 官方初始化项目的在线工具配置所需要的依赖,也可以直接使用如下 POM 文件内容)。

```xml
<?xml version="1.0" encoding="UTF-8"?>
<project xmlns="http://maven.apache.org/POM/4.0.0"
xmlns:xsi="http://www.w3.org/2001/XMLSchema-instance"
xsi:schemaLocation="http://maven.apache.org/POM/4.0.0
https://maven.apache.org/xsd/maven-4.0.0.xsd">
    <modelVersion>4.0.0</modelVersion>
    <parent>
        <groupId>org.springframework.boot</groupId>
        <artifactId>spring-boot-starter-parent</artifactId>
        <version>2.7.8</version>
        <relativePath/><!--lookup parent from repository -->
    </parent>
    <groupId>com.etoak.tutorial.openfeign</groupId>
    <artifactId>client</artifactId>
    <version>0.0.1-SNAPSHOT</version>
    <name>client</name>
    <description>OpenFeign 示例代码的客户端(消费端)</description>
    <properties>
        <java.version>11</java.version>
        <spring-cloud.version>2021.0.5</spring-cloud.version>
    </properties>
    <dependencies>
        <dependency>
            <groupId>org.springframework.boot</groupId>
            <artifactId>spring-boot-starter-web</artifactId>
        </dependency>
        <dependency>
            <groupId>org.springframework.cloud</groupId>
            <artifactId>spring-cloud-starter-openfeign</artifactId>
        </dependency>

        <dependency>
            <groupId>org.springframework.boot</groupId>
            <artifactId>spring-boot-starter-test</artifactId>
```

```
            <scope>test</scope>
        </dependency>
    </dependencies>
    <dependencyManagement>
        <dependencies>
            <dependency>
                <groupId>org.springframework.cloud</groupId>
                <artifactId>spring-cloud-dependencies</artifactId>
                <version>${spring-cloud.version}</version>
                <type>pom</type>
                <scope>import</scope>
            </dependency>
        </dependencies>
    </dependencyManagement>
    <build>
        <plugins>
            <plugin>
                <groupId>org.springframework.boot</groupId>
                <artifactId>spring-boot-maven-plugin</artifactId>
            </plugin>
        </plugins>
    </build>
</project>
```

2. 定义数据传递结构

上述 API 中的示例返回的数据如下。

```
{
    "userId": 1,
    "id": 1,
    "title": "sunt aut facere repellat provident occaecati excepturi optio
reprehenderit",
    "body": "quia et suscipit\nsuscipit recusandae consequuntur expedita et
    cum\nreprehenderit molestiae ut ut quas totam\nnostrum rerum est autem
    sunt rem eveniet architecto"
  }
```

所以基于上面响应的数据可以定义如下结构。

```
public class Post {
    private Long id;
    private String userId;
```

```
    private String title;
    private String body;
  }
```

3. 定义 FeinClient

```
@FeignClient(name ="jsonplaceholder", url ="https://jsonplaceholder.
typicode.com", contextId ="jsonplaceholder")
public interface Api {
    @GetMapping("/posts")
    List<Post>getAllPosts();

    @GetMapping("/posts/{postId}")
    Post getPostById(@PathVariable Long postId);

    @GetMapping("/posts")
    List<Post>getPostByUserId(@RequestParam Long userId);

    @PostMapping("/posts")
    Post createPost(Post post);

    @PutMapping("/posts")
    Post updatePost(Post post);

    @DeleteMapping("/posts/{postId}")
    Post deletePost(@PathVariable Long postId);
}
```

在上面代码中，@FeignClient 的参数使用了 name 和 url，url 指定了调用服务的全路径，url 属性经常被用于本地测试。如果同时指定 name/value 和 url 属性，则以 url 属性为准，name/value 属性指定的值便被当作微服务里的服务名称。

4. 启动入口

```
@SpringBootApplication
@EnableFeignClients
public class ClientApplication {
    public static void main(String[] args) {
          ConfigurableApplicationContext  context  =  SpringApplication. run
          (ClientApplication.class, args);

      Api api =context.getBean(Api.class);
```

```
        //调用 FeignClient
        List<Post>allPosts =api.getAllPosts();

        //输出以下响应结果
        for (Post post : allPosts) {
           System.out.println("id:" +post.getId() +"," +
                   "userId:" +post.getUserId() +"\n" +
                   "title:" +post.getTitle() +"\n\n" +
                   post.getBody());
           System.out.println("---------分隔线 --------");
        }
    }
}
```

执行完之后,控制台输出核心部分日志截取如下。

```
sunt aut facere repellat provident occaecati excepturi optio
reprehenderitquia et suscipit
suscipit recusandae consequuntur expedita et cum
reprehenderit molestiae ut ut quas totam
nostrum rerum est autem sunt rem eveniet architecto
---------分隔线 --------
2  1  qui est esse est rerum tempore vitae
sequi sint nihil reprehenderit dolor beatae ea dolores neque
fugiat blanditiis voluptate porro vel nihil molestiae ut reiciendis
qui aperiam non debitis possimus qui neque nisi nulla
---------分隔线 --------
3  1  ea molestias quasi exercitationem repellat qui ipsa sit aut et iusto sed
quo iure
voluptatem occaecati omnis eligendi aut ad
voluptatem doloribus vel accusantium quis pariatur
molestiae porro eius odio et labore et velit aut
---------分隔线 --------
4  1  eum et est occaecati ullam et saepe reiciendis voluptatem adipisci
sit amet autem assumenda provident rerum culpa
quis hic commodi nesciunt rem tenetur doloremque ipsam iure
quis sunt voluptatem rerum illo velit
```

5.5 配置属性的解析

OpenFeign的核心主要分为两部分:注解处理器和动态代理。

注解处理器是OpenFeign的核心之一,它通过处理Java接口中的注解生成对应的HTTP请求代码。当开发者在Java接口中使用@FeignClient、@RequestMapping、

@RequestParam 等注解时，注解处理器会解析这些注解，并根据其配置生成对应的HTTP 请求代码。

动态代理是 OpenFeign 的另一个核心，它负责将注解处理器生成的 HTTP 请求代码与实际的 HTTP 客户端库绑定。OpenFeign 使用 Java 动态代理技术生成代理类，将代理类与 Java 接口绑定，从而在运行时动态地生成 HTTP 请求代码。当应用程序调用 Java 接口的方法时，动态代理会拦截这些调用，并将其转换为实际的 HTTP 请求。

1. EnableFeignClients 注解

@EnableFeignClients 注解用于开启 Feign 客户端的支持。开发者在 Spring Boot 项目中使用 Feign 时需要在配置类添加@EnableFeignClients 注解，以开启 Feign 客户端的自动配置。

@EnableFeignClients 注解有以下几个参数。

1）basePackages 参数

basePackages 参数用于指定扫描 Feign 客户端的包路径。如果未得到指定，则其默认扫描启动类所在的包及其子包。

```
@EnableFeignClients(basePackages ="com.etoak.tutorial.springcloud.
clients")
@SpringBootApplication
public class Application {
    public static void main(String[] args) {
        SpringApplication.run(Application.class, args);
    }
}
```

basePackes 后面指定的路径可以让 Spring Boot 启动过程中扫描 com.etoak.tutorial.springcloud.clients 包下所有的打了@FeignClient 注解的类。

2）basePackageClasses 参数

basePackageClasses 与 basePackages 参数类似，作用是指定某个类所在包下的所有带有 FeignClient 注解的类。

```
@EnableFeignClients(basePackageClasses ={UserServiceApi.class,
OrderServiceApi.class})
@SpringBootApplication
public class Application {
    public static void main(String[] args) {
        SpringApplication.run(Application.class, args);
    }
}
```

以上注解将使 Spring Boot 在启动过程中扫描 UserServiceApi 类和 OrderServiceApi 类

所在包下的所有打了@FeignClient注解的类。

3）clients参数

clients参数特指某些类无需扫描。

```
@EnableFeignClients(clients ={UserServiceApi.class, OrderServiceApi.
class})
@SpringBootApplication
public class Application {
    public static void main(String[] args) {
        SpringApplication.run(Application.class, args);
    }
}
```

2. @FeignClient 注解

在使用OpenFeign时，开发者通常需要在接口上添加@FeignClient注解，以指定要调用的服务名和相关配置。@FeignClient注解包含很多参数，以下是常用参数的详细介绍。

1）value/name参数

value/name两个参数用于指定要调用的服务名，可以使用服务应用名或者注册中心上的服务名。如果服务应用名和服务名相同，则在此可以只使用一个参数。

```
@FeignClient(value ="user-service")
public interface UserServiceApi {
    // ...
}
```

2）url参数

这个属性用于指定Feign客户端的URL地址，可以是完整的URL地址或协议＋主机名＋端口号的形式。如果同时指定了url和value属性，那么url属性会覆盖value属性。

```
@FeignClient(name ="jsonplaceholder", url ="https://jsonplaceholder.
typicode.com", contextId ="jsonplaceholder")
  public interface Api {
      //...
}
```

5.6 OpenFeign的扩展和调优

5.6.1 请求超时和重试

在微服务架构中，服务间调用是通过网络实现的，网络环境的不稳定性可能导致调用失败或响应时间过长。为了提高服务间调用的可靠性和性能，开发者通常需要设置请求超时和重试机制。在 OpenFeign 中，可以通过以下方式实现请求超时和重试。

1. 设置连接超时和读取超时

通过配置 feign.client.timeout 属性，开发者可以设置连接超时和读取超时的时间，单位为毫秒，如下所示。

```
feign.client.config.default.connectTimeout=5000
feign.client.config.default.readTimeout=5000
```

以上配置表示连接超时和读取超时的时间均为 5 秒。需要注意的是，连接超时和读取超时的时间应根据实际情况调整，避免出现超时或等待时间过长的情况。

2. 设置重试机制

在 OpenFeign 中，开发者可以通过设置重试机制自动重试失败的请求，具体可以通过以下配置实现。

```
feign.client.config.default.retryer=Retryer.Default
feign.client.config.default.maxAttempts=3
```

以上配置表示启用默认的重试器 Retryer.Default，最多重试 3 次。需要注意的是，重试机制虽然可以提高服务的可靠性，但却会增加服务的负载，因此应该被谨慎使用。

3. 自定义重试机制

如果需要更精细的重试控制，那么开发者可以通过 Retryer 接口自定义重试机制，如下所示。

```
public class MyRetryer implements Retryer {
    private final int maxAttempts;
    private final long backoff;
    private int attempt;
    public MyRetryer(int maxAttempts, long backoff) {
        this.maxAttempts =maxAttempts;
        this.backoff =backoff;
        this.attempt =1;
    }

    @Override
    public void continueOrPropagate(RetryableException e) {
        if (attempt++>=maxAttempts) {
            throw e;
        }
        try {
```

```
            Thread.sleep(backoff);
        } catch (InterruptedException ignored) {
            Thread.currentThread().interrupt();
        }
    }

    @Override
    public Retryer clone() {
        return new MyRetryer(maxAttempts, backoff);
    }
}
```

以上代码示例实现了一个简单的重试器 MyRetryer,它最多重试 maxAttempts 次,并在每次重试之间等待 backoff 毫秒。通过以下配置即可使用该重试器。

```
feign.client.config.default.retryer=com.example.MyRetryer(3, 5000)
```

以上配置表示最多重试 3 次,每次重试之间等待 5 秒。需要注意的是,自定义重试器的实现应该根据实际情况调整,避免出现重试次数过多或等待时间过长的情况。

5.6.2 文件上传和下载

在 OpenFeign 中,开发者可以通过 @RequestPart 注解实现文件上传和下载。

1. 文件上传

对于文件上传,开发者需要在服务接口中使用 @RequestPart 注解以指定上传文件的参数名,并将文件转换成 MultipartFile 类型。

```
@FeignClient(name ="file-upload-service")
public interface FileUploadService {
    @PostMapping(value ="/file/upload")
    String uploadFile(@RequestPart("file") MultipartFile file);
}
```

2. 文件下载

对于文件下载,开发者可以使用 @ResponseBody 注解将文件内容作为响应体返回给客户端,同时设置 Content-Disposition 响应头部为 attachment,指示浏览器下载该文件。

```
@FeignClient(name ="file-download-service")
public interface FileDownloadService {
    @GetMapping(value ="/file/download")
    @ResponseBody
```

```
    ResponseEntity<Resource> downloadFile(@RequestParam("filename") String
    filename);
}
```

在服务提供者的控制器中，开发者可以使用 ResponseEntity 将文件内容封装成响应实体并返回。

```
@GetMapping(value ="/file/download")
public ResponseEntity<Resource> downloadFile (@RequestParam ("filename")
String filename) throws IOException {
    File file =new File(filename);
    ByteArrayResource resource = new ByteArrayResource (Files.readAllBytes
    (file.toPath()));

    HttpHeaders headers =new HttpHeaders();
    headers.add(HttpHeaders.CONTENT_DISPOSITION, "attachment; filename=" +
   file.getName());

    return ResponseEntity.ok()
            .headers(headers)
            .contentLength(file.length())
            .contentType(MediaType.parseMediaType("application/octet-stream"))
            .body(resource);
}
```

注意：对于文件上传和下载，开发者需要使用 spring-web 或 spring-boot-starter-web 依赖，否则将无法使用 MultipartFile 和 ResponseEntity 类。

5.6.3 并发访问和线程池配置

在使用 OpenFeign 调用服务时，开发者需要考虑并发访问的问题。默认情况下，OpenFeign 会使用 Java 原生的 URLConnection 发送请求，该实现存在一些限制，如不支持 HTTP2、不支持连接池等，可能导致性能瓶颈。

为了提升并发访问的性能，开发者可以使用 Apache HttpClient 或 OkHttp 发送请求。OpenFeign 提供了对这两种 HTTP 客户端的支持。

以使用 OkHttp 作为 HTTP 客户端为例，在项目中可以添加以下依赖。

```
<dependency>
    <groupId>io.github.openfeign</groupId>
    <artifactId>feign-okhttp</artifactId>
    <version>${feign.version}</version>
</dependency>
```

在使用@FeignClient注解的接口中添加configuration属性，并指定OkHttpFeignConfiguration配置类即可。

```
@FeignClient(name ="example", configuration =OkHttpFeignConfiguration.
class)
public interface ExampleFeignClient {
    // ...
}
```

上面这个是针对指定FeignClient进行的单独配置，如果是全局使用OkHttp，则可以在YAML配置文件中采用如下方式配置。

```
feign.httpclient.enabled=false
feign.okhttp.enabled: true
```

使用OkHttp，可以配置连接池大小、连接超时时间、请求超时时间等。

```
@Configuration
public class OkHttpFeignConfiguration {
    @Bean
    public okhttp3.OkHttpClient okHttpClient() {
        return new okhttp3.OkHttpClient.Builder()
                .connectTimeout(5, TimeUnit.SECONDS)
                .readTimeout(5, TimeUnit.SECONDS)
                .build();
    }
}
```

上述示例设置了连接超时时间和请求超时时间均为5秒，并将OkHttpClient对象注入Client接口中。

OpenFeign为了支持并发请求，可以通过配置线程池提高请求并发度，降低请求响应时间，可以使用Feign.Builder的executor()方法配置线程池，如下所示。

```
ExecutorService executorService =Executors.newFixedThreadPool(20);
Feign.Builder builder =Feign.builder()
        .executor(executorService)
        .client(new OkHttpClient());
MyClient client =builder.target(MyClient.class, "http://localhost:8080");
```

另外，可以使用@ConfigurationProperties注解将线程池相关的配置参数写入application.yml或application.properties文件中，如下所示。

```
feign:
  client:
```

```
    config:
      default:
        executor:
          corePoolSize: 20
          maxPoolSize: 50
          keepAliveTime: 300
```

以上示例将线程池的核心线程数、最大线程数和线程保持存活时间等参数写入application.yml文件中。开发者可以通过Feign.builder()创建Feign.Builder对象,并使用@Autowired注解将Feign.Builder注入其他Bean中,如下所示。

```
@Autowired
private Feign.Builder builder;

public MyClient myClient() {
    return builder.target(MyClient.class, "http://localhost:8080");
}
```

这样就可以使用注入的Feign.Builder对象创建FeignClient的实例,并且自动注入线程池相关的配置参数。

第6章 chapter 6

Sentinel 实现服务限流与熔断

本章学习目标

- 了解 Sentinel 出现的背景
- 了解 Sentinel 特性、基本概念、功能和设计理念
- 了解限流、熔断的概念
- 能够使用 Sentinel 进行服务限流与熔断

本章准备工作

开发人员需要提前准备的开发环境和开发工具包括 IDEA、JDK 11+、Maven 3.0+、Nacos 2.1.0+、Sentinel 1.8.5、MySQL 5.6.5+。

随着微服务的流行，微服务架构下服务和服务之间的稳定性变得越来越重要。最初，Spring Cloud 附带了 Netflix Hystrix 这个久经考验的断路器，但是自从 Spring Cloud 2020.0.0 发布之后，Spring Cloud 官方移除了 Netflix Hystrix。阿里巴巴公司基于“双十一”活动积累的丰富流量场景设计开发了 Sentinel，实现了对服务的全方位保障。

6.1 Sentinel 概述

Sentinel 是面向分布式、多语言异构化服务架构的流量治理组件，主要以流量为切入点，从流量路由、流量控制（简称流控）、流量整形、熔断降级、系统自适应过载保护、热点流量防护等多个维度帮助开发者保障微服务的稳定性。

6.1.1 Sentinel 特性

1. 丰富的应用场景

阿里巴巴公司在 2010 年“双十一”业务积累了丰富流量场景，包括“秒杀”“双十一零点持续洪峰”“热点商品探测”“预热”“消息队列削峰填谷”等多样化的场景。

2. 易于使用,支持快速接入

Sentinel 简单易用,开源生态广泛,针对 Dubbo、Spring Cloud、gRPC、Zuul、Reactor、Quarkus 等框架只需要引入适配模块即可快速接入。

3. 多样化的流量控制

支持资源粒度、调用关系、指标类型、控制效果等多维度的流量控制。

4. 可视化的监控和规则管理

简单易用的 Sentinel 控制台如图 6-1 所示。

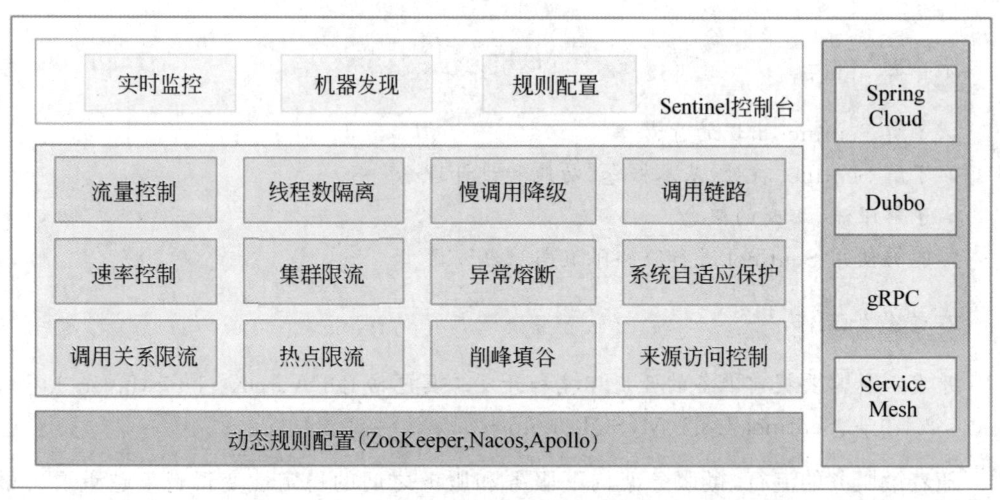

图 6-1 Sentinel 控制台

6.1.2 Sentinel 组成

Sentinel 可以分为两部分。

(1) 核心库(Java 客户端)。Sentinel 核心库不依赖任何框架,能够被运行于所有 Java 运行时的环境,同时对 Dubbo/ Spring Cloud 等框架也有较好的支持。

(2) 控制台(Dashboard)。Sentinel 控制台基于 Spring Boot 开发,打包后可以直接运行,不需要额外的 Tomcat 等应用容器。

6.1.3 Sentinel 基本概念

1. 资源

资源是 Sentinel 的关键概念,也就是 Sentinel 需要控制的内容,它可以是 Java 应用程序中的任何内容,例如,由应用程序提供的服务,或由应用程序调用的、其他应用提供的服务,甚至可以是一段代码。

只要通过Sentinel API定义的代码都可以被视为资源，就能够被Sentinel保护起来。大部分情况下，开发者可以使用方法签名、URL，甚至服务名作为资源名以标示资源。

2. 规则

围绕资源的实时状态设定的规则，用以设置保护Sentinel定义的资源的方法，可以包括流量控制规则、熔断降级规则及系统保护规则。所有规则均可以被动态实时调整。

6.2 Sentinel功能和设计理念

Sentinel流量控制规则、熔断降级策略

6.2.1 流量控制

流量控制在网络传输中是一个常用的概念，它被用于调整网络包的发送数据。然而，从系统稳定性角度考虑，实际上对于处理请求速度也有非常多的讲究。任意时间到来的请求往往是随机而不可控的，但系统的处理能力是有限的。开发者需要根据系统的处理能力对流量进行控制。作为一个调配器，Sentinel可以根据需要把随机的请求调整成合适的形状，如图6-2所示。

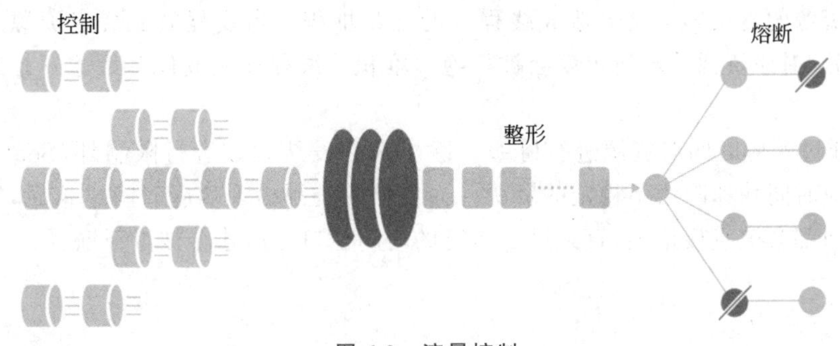

图6-2 流量控制

流量控制有以下几个角度。

(1) 资源的调用关系。例如，资源的调用链路、资源和资源之间的关系。

(2) 运行指标。例如，QPS、线程池、系统负载等。

(3) 控制的效果。例如，直接限流、冷启动、排队等。

QPS(queries-per-second)指的是每秒查询率，是对一个特定的查询服务器在规定时间内所处理流量的衡量标准。在因特网上，域名系统服务器的性能经常以QPS衡量。

6.2.2 熔断降级

除了控制流量以外，降低调用链路中的不稳定资源也是Sentinel的使命之一。由于调用关系的复杂性，如果调用链路中的某个资源不稳定，那么最终会导致请求发生堆积。

当调用链路中某个资源出现不稳定，例如，表现为timeout、异常比例升高的时候，则可以对这个资源的调用进行限制，并让请求快速失败，避免影响其他资源，最终避免产生雪崩的效果。服务间调用关系图如图 6-3 所示。

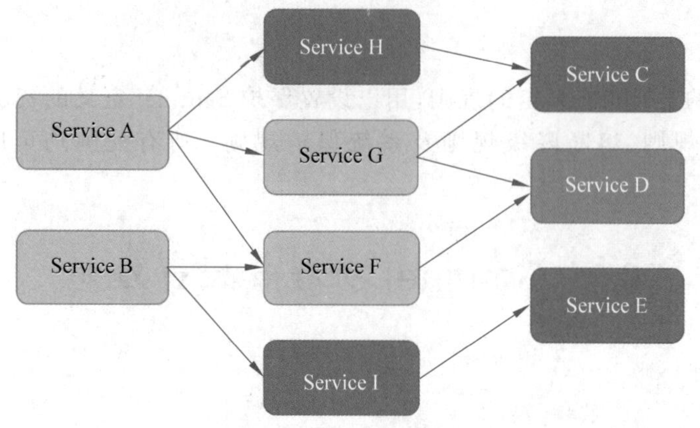

图 6-3　服务间调用关系

Sentinel 对熔断降级采取了两种手段。

（1）通过并发线程数进行限制。和资源池隔离的方法不同，Sentinel 通过限制资源并发线程的数量以减少不稳定资源对其他资源的影响。这样不但没有线程切换的损耗，也不需要开发者预先分配线程池的大小。在某个资源出现不稳定的情况下（如响应时间变长），对资源的直接影响是会造成线程数的逐步堆积。当线程数在特定资源上堆积到一定数量后，对该资源的新请求就会被拒绝。堆积的线程在完成任务后才开始继续接收请求。

（2）通过响应时间对资源进行降级。除了对并发线程数进行限制外，Sentinel 还可以通过响应时间快速降级不稳定的资源。当依赖的资源出现响应时间过长后，所有对该资源的访问都会被直接拒绝，直到过了指定的时间窗口之后才会被重新恢复。

6.2.3　系统负载保护

Sentinel 同时提供系统维度的自适应保护能力。防止雪崩是系统防护的重要一环。在系统负载较高的时候，如果还持续让请求进入可能会导致系统崩溃、无法响应。在集群环境下，网络负载均衡会把本应让这台服务器承载的流量转发到其他的服务器上。如果这个时候其他的服务器也处在一个边缘状态，那么这个增加的流量就会导致这台服务器也崩溃，最后导致整个集群不可用。

针对这种情况，Sentinel 提供了对应的保护机制，让系统的入口流量和系统的负载达到一个平衡，保证系统在能力范围之内可以处理最多的请求。

6.3　Sentinel 的基本使用

Sentinel 可以简单地分为 Sentinel 核心库和 Dashboard。核心库不依赖 Dashboard，但是其结合 Dashboard 可以取得最好的效果。

6.1.3节提到了资源与规则的概念，所谓资源可以是任何东西，服务、服务里的方法，甚至是一段代码。使用Sentinel保护资源主要分为几个步骤：定义资源、定义规则、检验规则是否生效。

在实际开发中，开发者需要考虑这段代码是否需要保护，如果需要保护就需要将之定义为资源，先定义可能需要保护的资源，然后再为资源配置规则，只要有了资源，开发者就可以灵活地为资源定义各种流量控制规则。

6.3.1 定义资源的方法

1. 对主流框架的默认适配

为了减少开发的复杂程度，Sentinel对大部分的主流框架（如Web Servlet、Dubbo、Spring Cloud、gRPC、Spring WebFlux、Reactor等）都做了适配。开发者只需要引入对应的依赖即可方便地整合Sentinel。

2. 以抛出异常的方式定义资源

SphU包含了try-catch风格的API。采用这种方式，当资源发生限流后程序会抛出BlockException，这时可以捕捉异常，进行限流后的逻辑处理，示例代码如下。

```
try (Entry entry = SphU.entry("resourceName")) {
  // 被保护的业务逻辑
} catch (BlockException ex) {
  // 资源访问被限流或被降级
}
```

3. 以返回布尔值的方式定义资源

SphO提供if-else风格的API。采用这种方式，当资源发生限流后程序会返回false，这时开发者可以根据返回值进行限流后的逻辑处理，示例代码如下。

```
// 资源名可为任意有业务语义的字符串
if (SphO.entry("自定义资源名")) {
    // 务必保证 finally 会被执行
    try {
        // 被保护的业务逻辑
    } finally {
        SphO.exit();
    }
} else {
    // 资源被限流或被降级
}
```

4. 以注解的方式定义资源

Sentinel 支持通过@SentinelResource 注解定义资源并配置 blockHandler()和 fallback()函数实现限流后的处理，示例代码如下。

```
// 原本的业务方法
@SentinelResource(blockHandler = "blockHandlerForGetUser")
public User getUserById(String id) {
    throw new RuntimeException("getUserById command failed");
}

// blockHandler 函数,原方法调用被限流/降级/系统保护的时候调用
public User blockHandlerForGetUser(String id, BlockException e) {
    return new User("admin");
}
```

6.3.2 Sentinel 规则种类

Sentinel 支持多种规则，包括流量控制规则、熔断降级规则、系统保护规则、来源访问控制规则和热点参数规则。

(1) 流量控制规则：即 QPS 限制，该规则基于每秒的请求数量限制系统的流量。开发者可以指定一个阈值，如每秒最多允许处理 100 个请求，超过这个数量的请求将被限制。

(2) 熔断降级规则：用于监测故障率或错误率，并在错误率超过预定阈值时触发熔断机制，暂停请求的发送或返回预定的默认响应。

(3) 系统保护规则：通过限制 CPU 使用率、内存利用率、磁盘空间、网络带宽、连接数、请求超时等方式保护系统免受过载、资源耗尽和故障等不良情况的影响。

(4) 来源访问控制规则：也称黑白名单规则，该规则用于根据请求的来源 IP 地址或其他标识符限制或允许特定的请求。开发者可以指定允许或拒绝的 IP 地址列表或模式。

(5) 热点参数规则：可基于请求中的特定参数限流，以避免某些参数值的请求过于频繁或耗费过多资源。

这些规则可以由具体的需求而被组合和配置，以实现对系统流量的全面控制和管理。另外，Sentinel 还提供了可视化的仪表板和监控功能，开发者可以方便地查看和分析流量控制的效果和系统性能。

6.3.3 基于并发线程数/QPS 的流量控制

Sentinel 的流量控制主要有两种统计类型：一种是统计并发线程数；另一种是统计 QPS。

一条 Sentinel 流控规则通常由下面几个因素组成，开发者可以将这些元素组合以实现不同的流控效果。

(1) 资源名：流控规则的作用对象。

(2) 单机阈值：流控单机阈值。

(3) 阈值类型：流控阈值类型(并发线程数、QPS)。

(4) 针对来源：流控规则针对的调用来源。

(5) 流控模式：调用关系流控策略。

(6) 流控效果：包括快速失败、Warm Up、排队等待模式。

6.3.4 流量控制规则的属性和设置方式

1. 定义流量控制规则的主要属性

流量控制规则的主要属性如表 6-1 所示。

表 6-1 流量控制规则的主要属性

属　性	属性说明	默　认　值
resource	资源名，流控规则的作用对象	
count	流控单机阈值	
grade	流控阈值类型，并发线程数或 QPS 模式	QPS
limitApp	流控规则针对的调用来源	default，代表不区分调用来源
strategy	调用关系流控策略：直接、关联、链路	直接
controlBehavior	流控效果(快速失败 / Warm Up / 排队等待模式)，不支持按调用关系流控	快速失败

2. 通过代码定义流量控制规则

```
private static void initFlowQpsRule() {
    List<FlowRule> rules = new ArrayList<>();
    FlowRule rule = new FlowRule();
    rule.setResource(resource);
    // 最大 QPS 为 20
    rule.setCount(20);
    // 阈值类型为 QPS
    rule.setGrade(RuleConstant.FLOW_GRADE_QPS);
    // 不区分调用来源
    rule.setLimitApp("default");
    rules.add(rule);
    FlowRuleManager.loadRules(rules);
}
```

3. 通过 Sentinel 控制台定义流量控制规则

Sentinel 控制台新增流控规则如图 6-4 所示。

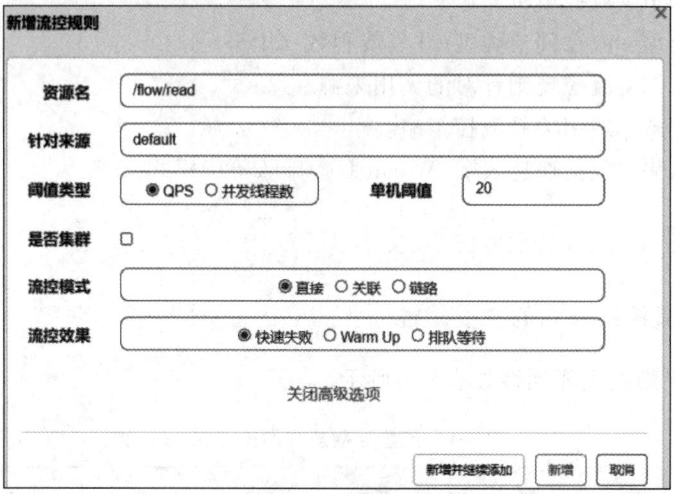

图 6-4　Sentinel 控制台新增流控规则

6.3.5　基于调用关系的流量控制

调用关系包括调用方和被调用方。一个方法可能会调用另一个方法，这样就形成了一个调用链路的层次关系。Sentinel 会记录调用链路的实时统计信息，因此其衍生出多种按调用关系进行流量控制（流控模式）的手段。流控模式支持以下几种资源的调用关系。

1. 直接模式（根据调用来源限流）

直接模式会针对流控规则中的来源应用进行流量控制。流控规则中的 limitApp 字段用于根据调用方进行流量控制，该字段的值有以下三种选项，分别对应不同的场景。

default：表示不区分调用者，来自任何调用者的请求都将接受限流统计。如果某个资源的调用总和超过了这条规则定义的阈值，则会触发限流。

{some_origin_name}：表示针对特定的调用者进行限流统计，只有来自这个调用者的请求才会受到流量控制。例如，NodeA 配置了一条针对调用者 caller1 的规则，那么当且仅当来自 caller1 对 NodeA 的请求才会触发流量控制。

other：表示针对除{some_origin_name}以外的其余调用方的流量进行流量控制。例如，资源 NodeA 配置了一条针对调用者 caller1 的流控规则，同时又配置了一条调用者为 other 的流控规则，那么任意来自非 caller1 对 NodeA 的调用都不能超过 other 这条规则定义的阈值。

同一个资源名可以配置多条规则，规则的生效顺序：{some_origin_name} ＞ other ＞ default。

2. 关联模式(关联资源限流)

关联模式可以控制与当前资源的关联资源的流量。当两个资源之间具有资源争抢或依赖关系的时候,这两个资源便具有了关联。例如,对数据库同一个字段的读操作和写操作存在争抢,读的速度过高会影响写的速度,写的速度过高也会影响读的速度。如果放任读写操作争抢资源,那么争抢本身带来的开销会降低整体的吞吐量,开发者可使用关联限流避免具有关联关系的资源之间过度争抢。

3. 链路模式(调用链路限流)

链路模式会控制该资源所在的调用链路入口的流量。开发者需要在规则中配置入口资源,即该调用链路入口的上下文名称。一棵典型的调用树如下所示。

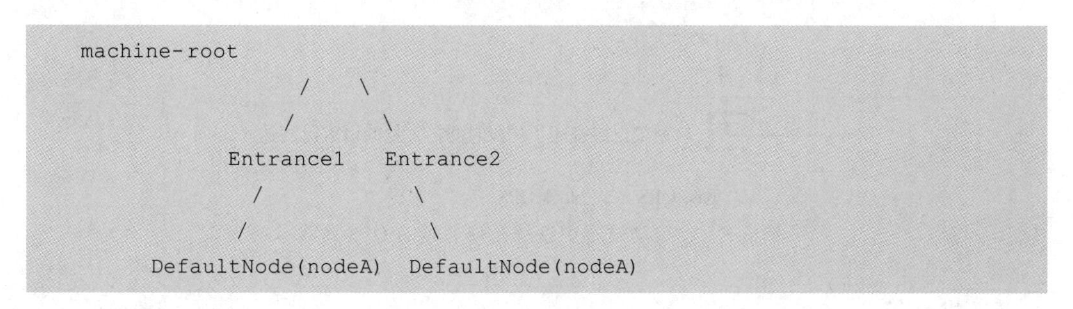

```
machine-root
                    /     \
                  /         \
          Entrance1    Entrance2
              /              \
            /                  \
    DefaultNode(nodeA)   DefaultNode(nodeA)
```

上面的调用树来自入口 Entrance1 和 Entrance2 的请求都调用了资源 NodeA,Sentinel 允许只根据某个调用入口的统计信息对资源限流。例如,链路模式下设置入口资源为 Entrance1,表示只有从入口 Entrance1 的调用才会被记录到 NodeA 的限流统计中,而不关心经 Entrance2 到来的调用。

6.3.6 QPS 流控效果

QPS 是对一个特定的查询服务器在规定时间内所处理流量多少的衡量标准,在 Web 项目中,QPS 可以被理解为单位时间内发送请求的数量。

流控效果指的是当阈值类型为 QPS 时,控制、处理被拦截的流量、实现流量塑形的方法。流控的手段包括以下几种。

1. 快速失败

快速失败是默认的流控效果,当 QPS 超过规则的阈值后,新的请求就会被立即拒绝,拒绝方式为抛出 FlowException。这种方式适用于确切已知系统处理能力的情况。

2. Warm Up

Warm Up 主要用于系统长期处于低水位的情况下。当流量突然增加时,若直接把系统拉升到高水位可能瞬间把系统压垮。因此,该模式可让系统通过"冷启动",让通过的流量缓慢增加,在一定时间内逐渐增加到阈值上限,给冷系统一个预热的时间,避免冷系统被压垮的情况发生。

Sentinel 默认冷加载因子 coldFactor 为 3，即请求 QPS 从 threshold/3 开始，经预热时长逐渐升至设定的 QPS 阈值，冷启动过程中系统允许通过的 QPS 曲线如图 6-5 所示。

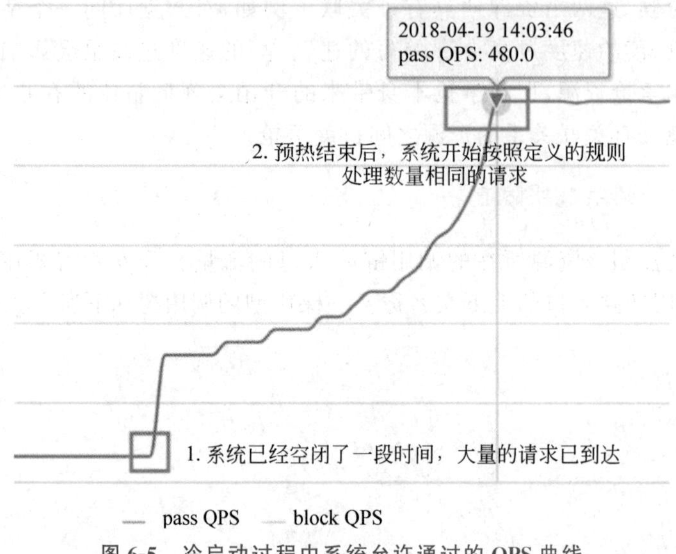

图 6-5　冷启动过程中系统允许通过的 QPS 曲线

3. 排队等待

排队等待模式下系统会严格控制请求通过的间隔时间（即请求会匀速通过），允许部分请求排队等待，对应的是漏桶算法，通常被用于消息队列削峰填谷等场景，需设置具体的超时时间，当计算的等待时间超过超时时间时请求会被拒绝。

6.4　熔断降级规则

6.4.1　熔断降级规则属性和设置方式

1. 定义熔断降级规则的主要属性

熔断降级规则的主要属性如表 6-2 所示。

表 6-2　熔断降级规则的主要属性

属　　性	属性说明	默认值
resources	资源名，流控规则的作用对象	
grade	熔断策略，支持慢调用比例/异常比例/异常数策略	慢调用比例
count	慢调用比例模式下为慢调用临界 RT（超出该值即被计为慢调用）；异常比例/异常数模式下为对应的阈值	

续表

属　　性	属性说明	默　认　值
timeWindow	熔断时长，单位为 s	
minRequestAmount	熔断触发的最小请求数	5
statIntervalMs	统计时长(单位为 ms)，(1.8.0 引入)	1000
slowRatioThreshold	慢调用比例阈值，仅慢调用比例模式有效(1.8.0 引入)	

2. 通过代码定义熔断降级规则

```
private static void initDegradeRule() {
    List<DegradeRule> rules = new ArrayList<>();
    DegradeRule rule = new DegradeRule(resource);
        .setGrade(CircuitBreakerStrategy.ERROR_RATIO.getType());
        .setCount(0.7);                  // Threshold is 70% error ratio
        .setMinRequestAmount(100)
        .setStatIntervalMs(30000)        // 30s
        .setTimeWindow(10);
    rules.add(rule);
    DegradeRuleManager.loadRules(rules);
}
```

3. 通过 Sentinel 控制台定义熔断规则

Sentinel 控制台新增熔断规则如图 6-6 所示。

图 6-6　Sentinel 控制台新增熔断规则

6.4.2 熔断策略

Sentinel 提供以下几种熔断策略。

1. 慢调用比例（SLOW_REQUEST_RATIO）

选择以慢调用比例作为阈值，需要设置允许的慢调用 RT（即最大的响应时间），请求的响应时间大于该 RT 值则统计为慢调用。当单位统计时长内的请求数目大于设置的最小请求数目，并且慢调用的比例大于阈值，则接下来的熔断时长内的请求会自动被熔断。经过熔断时长后熔断器会进入探测恢复状态（HALF-OPEN 状态），若接下来的一个请求响应时间小于设置的慢调用 RT 值则结束熔断，若大于设置的慢调用 RT 值则会再次被熔断。

2. 异常比例（ERROR_RATIO）

当单位统计时长内请求数目大于设置的最小请求数目，并且异常的比例大于阈值，则接下来的熔断时长内请求会被自动熔断。经过熔断时长后熔断器会进入探测恢复状态（HALF-OPEN 状态），若接下来的一个请求被成功完成（没有错误）则结束熔断，否则会再次被熔断。异常比率的阈值是[0.0，1.0]，代表 0%～100%。

3. 异常数（ERROR_COUNT）

当单位统计时长内的异常数超过阈值之后会自动进行熔断。经过熔断时长后熔断器会进入探测恢复状态（HALF-OPEN 状态），若接下来的一个请求被成功完成（没有错误）则结束熔断，否则会再次被熔断。

6.4.3 系统保护规则

Sentinel 系统自适应限流可以从整体维度控制应用入口流量，结合应用的 Load、CPU 使用率、总体平均 RT、入口 QPS 和并发线程数等几个维度的监控指标，通过自适应的流控策略，系统的入口流量和负载将达到一个平衡，让系统尽可能在最大吞吐量状态下运行的同时保证系统整体的稳定性。

1. 定义系统保护规则的主要属性

系统保护规则的主要属性如表 6-3 所示。

表 6-3 系统保护规则的主要属性

属性	属性说明	默认值
highestSystemLoad	触发自适应控制阶段	−1（不生效）
avgRt	所有入口流量的平均响应时间	−1（不生效）

续表

属　性	属 性 说 明	默　认　值
maxThread	入口流量的最大并发数	－1(不生效)
qps	所有入口资源的 QPS	－1(不生效)
highestCpuUsage	当前系统的 CPU 使用率(0～1.0)	－1(不生效)

2. 通过代码定义系统保护规则

```
private void initSystemProtectionRule() {
  List<SystemRule>rules =new ArrayList<>();
  SystemRule rule =new SystemRule();
  rule.setHighestSystemLoad(10);
  rules.add(rule);
  SystemRuleManager.loadRules(rules);
}
```

3. 通过 Sentinel 控制台定义系统保护规则

Sentinel 控制台新增系统保护规则如图 6-7 所示。

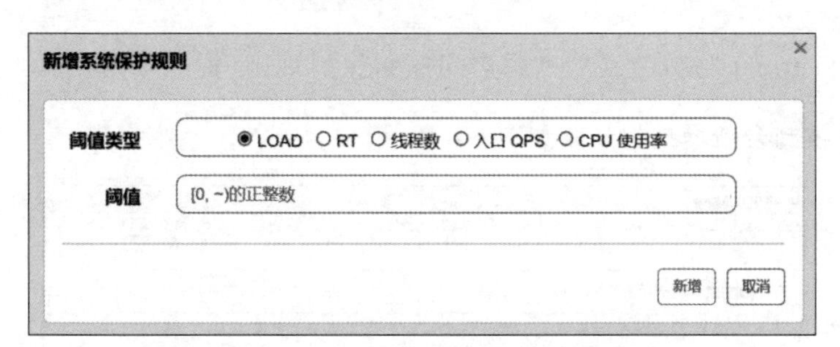

图 6-7　Sentinel 控制台新增系统保护规则

6.4.4　来源访问控制规则

很多时候，开发者需要根据调用方限制资源是否通过，这时候可以使用 Sentinel 的访问控制(黑白名单)的功能。黑白名单可以根据资源的请求来源(origin)限制资源是否通过，若配置白名单，则只有请求来源位于白名单内时才可通过；若配置黑名单，则请求来源位于黑名单时不通过，其余的请求通过。授权规则即黑白名单规则(AuthorityRule)，主要有以下配置项。

1. 访问控制规则主要属性

访问控制规则(授权规则)主要属性如表 6-4 所示。

表 6-4　访问控制规则主要属性

属　　性	属 性 说 明
resource	资源名,访问控制规则的作用对象
limitApp	对应的黑名单/白名单,不同的 origin 以“,”分隔,如 appA,appB
strategy	限制模式: AUTHORITY_WHITE 为白名单模式 AUTHORITY_BLACK 为黑名单模式,默认为白名单模式

2. 通过代码定义来源访问控制规则

```
private static void initWhiteRules() {
AuthorityRule rule =new AuthorityRule();
// 定义资源
rule.setResource("test");
// 限制模式为白名单
rule.setStrategy(RuleConstant.AUTHORITY_WHITE);
// 只有来源为 appA 和 appE 的请求才可通过
rule.setLimitApp("appA,appE");
AuthorityRuleManager.loadRules(Collections.singletonList(rule));
}
```

3. 通过 Sentinel 控制台定义来源访问控制保护规则(授权规则)

Sentinel 控制台新增授权规则如图 6-8 所示。

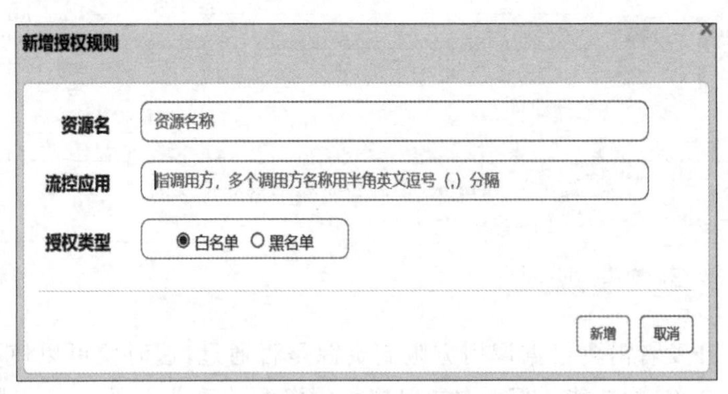

图 6-8　Sentinel 控制台新增授权规则

6.4.5　热点参数规则

热点即经常被访问的数据。很多时候开发者希望统计某个热点数据中访问频次最高的 Top K 数据,并对其访问进行限制,如下所示。

(1) 商品 ID 为参数,统计一段时间内最常购买商品的 ID 并进行限制。

(2) 用户 ID 为参数,针对一段时间内频繁访问的用户的 ID 进行限制。

热点参数限流会统计传入参数中的热点参数,并根据配置的流控阈值与流控模式对包含热点参数的资源调用进行限流。热点参数限流可以被看作是一种特殊的流量控制,仅对包含热点参数的资源调用生效。

1. 定义热点参数规则的主要属性

热点参数规则的主要属性如表 6-5 所示。

表 6-5 热点参数规则的主要属性

属 性	属 性 说 明	默认值
resource	资源名,必填项	
count	流控单机阈值,必填项	
grade	流控模式	QPS 模式
durationInSec	统计窗口时长(单位为 s),1.6.0 版本开始支持	1
controlBehavior	流控效果,1.6.0 版本开始支持	快速失败
maxQueueingTimeMs	最大排队等待时长(单位为 ms,仅在匀速排队模式生效),1.6.0 版本开始支持	0
paramIdx	热点参数的索引,必填,对应 SphU.entry(xxx, args) 中的参数索引位置	
paramFlowItemList	参数例外项,可以针对指定的参数值单独设置流控阈值,不受前面 count 阈值的限制。仅支持基本类型和字符串类型	
clusterMode	是不是集群参数流控规则	false
clusterConfig	集群流控相关配置	

2. 通过代码定义热点参数规则

```
private static void initParamFlowRules() {
// 设置热点参数规则,QPS 阈值为 5
ParamFlowRule rule =new ParamFlowRule(RESOURCE_KEY)
.setParamIdx(0)
.setGrade(RuleConstant.FLOW_GRADE_QPS)
.setCount(5);

// 针对 int 类型的参数 PARAM_B
// 单独设置流控单机阈值为 10,而不是全局的阈值 5
ParamFlowItem item =new ParamFlowItem()
.setObject(String.valueOf(PARAM_B))
.setClassType(int.class.getName())
.setCount(10);
```

```
    rule.setParamFlowItemList(Collections.singletonList(item));
    ParamFlowRuleManager.loadRules(Collections.singletonList(rule));
}
```

3. 通过 Sentinel 控制台定义热点参数规则

Sentinel 控制台新增热点参数规则的主要属性如图 6-9 所示。

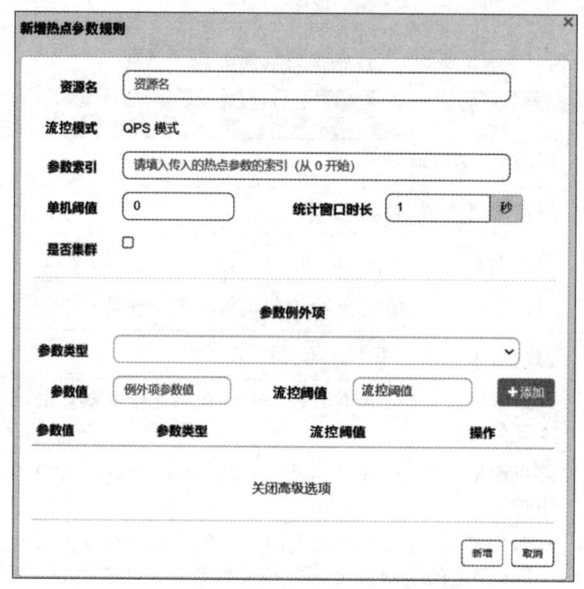

图 6-9 Sentinel 控制台新增热点参数规则

6.4.6 Sentinel 控制台

Sentinel 提供了一个轻量级的开源控制台，它提供机器发现及健康情况管理、监控（单机和集群）、规则管理和推送的功能。这里将会详细讲述通过简单的步骤使用这些功能的方法。

1. 获取控制台

（1）从 GitHub 下载控制台，如图 6-10 所示。

（2）从 GitHub 下载源码自行构建 Sentinel 控制台。

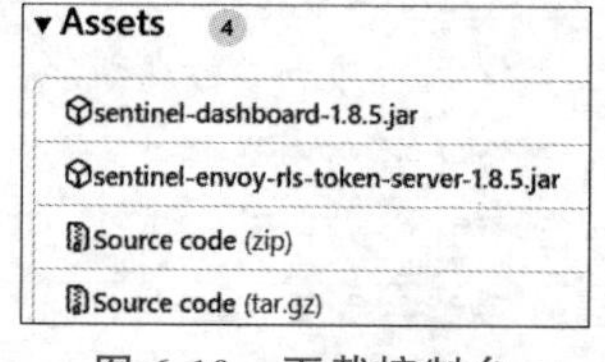

图 6-10 下载控制台

```
编译：mvn clean package
```

2. 运行控制台

```
java -jar [-Dserver.port=8080] sentinel-dashboard-x.x.x.jar
```

(1) -Dserver.port：可选参数，用于设置控制台端口号。

(2) 默认端口号：8080。

(3) 默认用户/密码：sentinel/sentinel，如图6-11所示。

图6-11 Sentinel控制台

6.5 Spring Cloud集成Sentinel案例

Spring Cloud Alibaba为Sentinel整合了Servlet、RestTemplate、FeignClient和Spring WebFlux。Sentinel在Spring Cloud生态中不仅补全了Hystrix在Servlet和RestTemplate的空白，而且还完全兼容了Hystrix在FeignClient中限流、降级的用法，并且支持灵活地配置运行和调整限流、降级规则。

6.5.1 Maven依赖

在pom文件中添加Maven依赖，如下所示。

```
<dependency>
<groupId>com.alibaba.cloud</groupId>
<artifactId>spring-cloud-starter-alibaba-sentinel</artifactId>
</dependency>
```

6.5.2 环境要求

(1) 启动Nacos，如下所示。

```
startup.cmd -m standalone
```

(2) 启动Sentinel，如下所示。

```
java -jar sentinel-dashboard-1.8.5.jar
```

6.5.3 基础项目创建

（1）创建父工程 chapter-06，管理 Maven 依赖，如下所示。

```
<parent>
  <groupId>org.springframework.boot</groupId>
  <artifactId>spring-boot-starter-parent</artifactId>
  <version>2.6.7</version>
</parent>

<dependencyManagement>
  <dependencies>
    <dependency>
      <groupId>org.springframework.cloud</groupId>
      <artifactId>spring-cloud-dependencies</artifactId>
      <version>2021.0.3</version>
      <type>pom</type>
      <scope>import</scope>
    </dependency>
    <dependency>
      <groupId>com.alibaba.cloud</groupId>
      <artifactId>spring-cloud-alibaba-dependencies</artifactId>
      <version>2021.0.1.0</version>
      <type>pom</type>
      <scope>import</scope>
    </dependency>
  </dependencies>
</dependencyManagement>
```

（2）创建子模块 chapter-06-01，在 pom.xml 中引入开发 Sentinel 需要的依赖，如下所示。

```
<dependencies>
  <dependency>
    <groupId>org.springframework.boot</groupId>
    <artifactId>spring-boot-starter-web</artifactId>
  </dependency>

  <dependency>
    <groupId>com.alibaba.cloud</groupId>
    <artifactId>spring-cloud-starter-alibaba-nacos-discovery</artifactId>
  </dependency>
```

```
    <dependency>
      <groupId>com.alibaba.cloud</groupId>
      <artifactId>spring-cloud-starter-alibaba-sentinel</artifactId>
    </dependency>
  </dependencies>
```

(3) 在 src/main/resources 下创建 application.yml,如下所示。

```
server:
  port: 9090
spring:
  application:
    name: sentinel-service
  cloud:
    nacos:
      discovery:
        server-addr: 127.0.0.1:8848
        namespace: et2210
    sentinel:
      transport:
        #sentinel 控制台地址
        dashboard: 127.0.0.1:8080
```

(4) 创建启动类,如下所示。

```
@SpringBootApplication
public class SentinelServiceApplication {
    public static void main(String[] args) {
        SpringApplication.run(SentinelServiceApplication.class, args);
    }
}
```

6.5.4 Sentinel 实现服务流量控制

1. 直接流控模式、快速失败流控效果

(1) 创建 FlowController。

```
@RestController
@RequestMapping("/flow")
public class FlowController {

    @RequestMapping("/hello")
```

```
    public String hello() {
        return "Hello Sentinel";
    }
}
```

（2）在 Sentinel 控制台配置流控规则以实现对/flow/hello 请求的流量控制。这里不需要定义资源，Sentinel 默认会将所有的 HTTP 接口定义为资源。在 Sentinel 控制台设置/flow/hello 接口流控规则：针对所有来源的 QPS 阈值为 1，设置流控模式为直接，设置流控效果为快速失败，如图 6-12 所示。

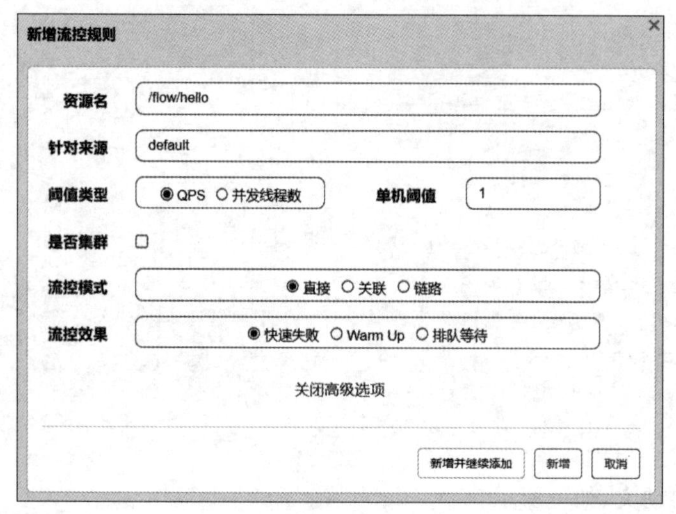

图 6-12　Sentinel 控制台新增对/flow/hello 接口的流控规则

（3）启动服务。在浏览器中测试，当访问量超出 QPS=1 的限制时就会触发流量控制，如图 6-13 所示。

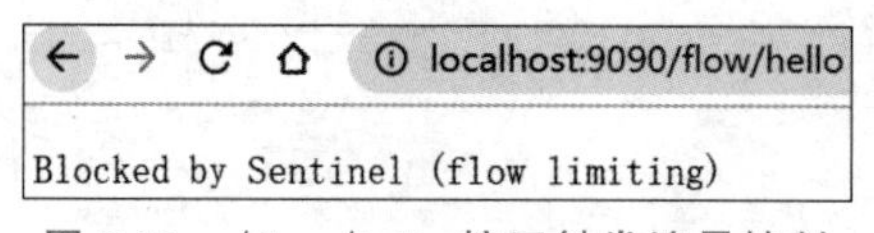

图 6-13　/flow/hello 接口触发流量控制

2. 关联流控模式、快速失败流控效果

当前示例演示使用关联流控模式避免具有关联关系的资源之间过度争抢。

（1）在 FlowController 中新增两个方法，如下所示。

```
@RestController
@RequestMapping("/flow")
public class FlowController {
    @RequestMapping("/read")
    public String read() {
```

```
        return "read_db";
    }
    @RequestMapping("/write")
    public String write() {
        return "write_db";
    }
}
```

（2）在 Sentinel 控制台为/flow/read 资源设置流控规则。当/flow/read 的关联资源/flow/wirte 的 QPS 单机阈值达到 5 时，对/flow/read 限流，如图 6-14 所示。

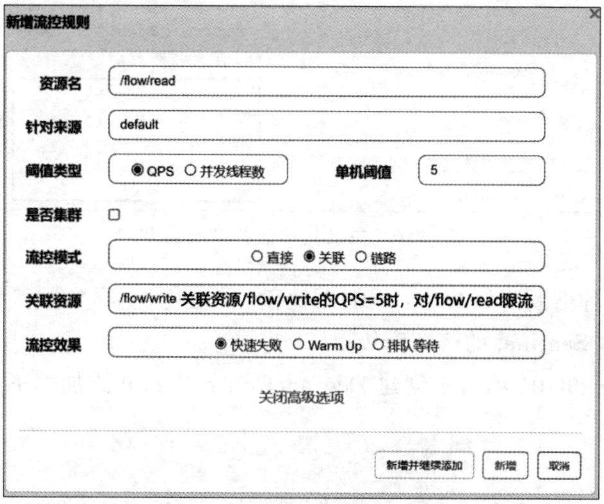

新增流控规则

资源名 /flow/read

针对来源 default

阈值类型 ◉QPS ○并发线程数 单机阈值 5

是否集群 ☐

流控模式 ○直接 ◉关联 ○链路

关联资源 /flow/write 关联资源/flow/write的QPS=5时，对/flow/read限流

流控效果 ◉快速失败 ○Warm Up ○排队等待

关闭高级选项

新增并继续添加 新增 取消

图 6-14 新增关联流控

（3）使用 JMeter 测试工具测试/flow/write 资源并启动测试，如图 6-15 所示。

图 6-15 JMeter 新增关联限流测试

（4）在 Sentinel 控制台查看测试结果，如图 6-16 所示。

6.5.5 Sentinel 实现服务熔断降级

对调用链路中不稳定的资源进行熔断降级是保障服务高可用的重要措施之一。

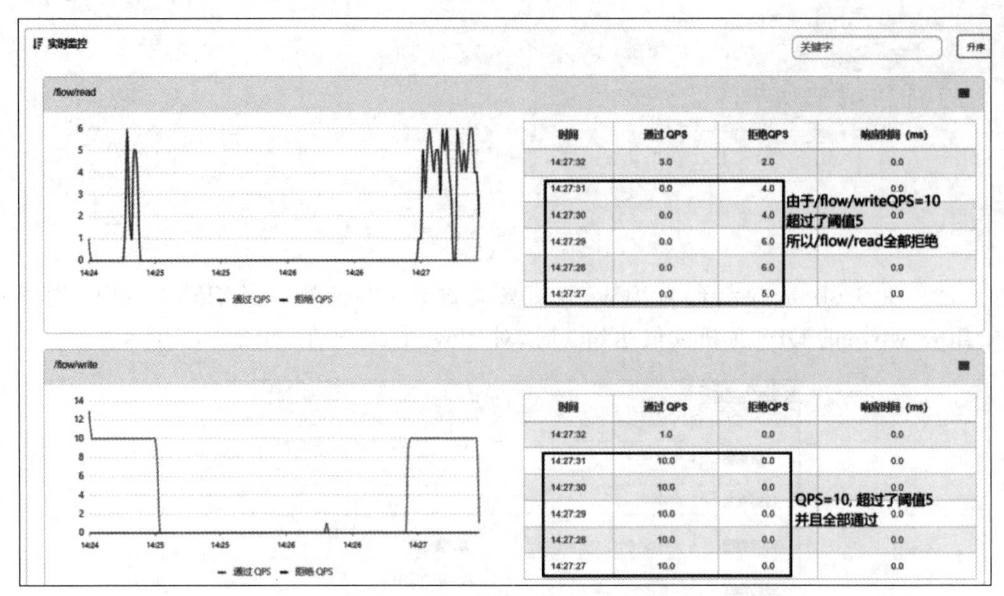

图 6-16　关联资源流控测试结果

Sentinel 提供了三种熔断降级策略：慢调用比例、异常比例、异常数。接下来将以慢调用比例策略为例演示 Sentinel 的熔断降级。

（1）在 chapter-06-01 项目中创建 DegradeController，并添加如下方法。

```
@RestController
@RequestMapping("/degrade")
public class DegradeController {
    /** 测试慢调用比例 */
    @RequestMapping("/RT")
    public String rt(int i) throws InterruptedException {
        //当 i 的值小于或等于 0 时
        if (i <=0) {
            Thread.sleep(250);
        }
        return "success";
    }
}
```

（2）在 Sentinel 控制台设置对资源/degrade/RT 的降级策略，如图 6-17 所示。

（3）测试熔断策略。1s 内至少发送两次请求（此时传入参数 i=0，这样接口响应时间将达到 250ms，超过要求的最大 RT=200ms），此时就会进入熔断阶段，如图 6-18 所示。

再次发起请求，但是令传入参数 i=100，可以发现仍然处于熔断，如图 6-19 所示。

等待 30s 后，再次发送参数 i=100 的请求，如图 6-20 所示。

新增熔断规则

资源名 /degrade/RT

熔断策略 ◉慢调用比例 ○异常比例 ○异常数

最大 RT 200 最大响应时间200ms　比例阈值 0.5

熔断时长 30 s　最小请求数 2

统计时长 1000 ms

1s 内发送至少两个请求，如果有50%的请求响应时间超过200ms，就进行熔断，熔断为30s；在熔断期间，任何请求进入都会直接返回

新增并继续添加　新增　取消

图 6-17　新增对资源/degrade/RT 的熔断规则

图 6-18　/degrade/RT 资源熔断

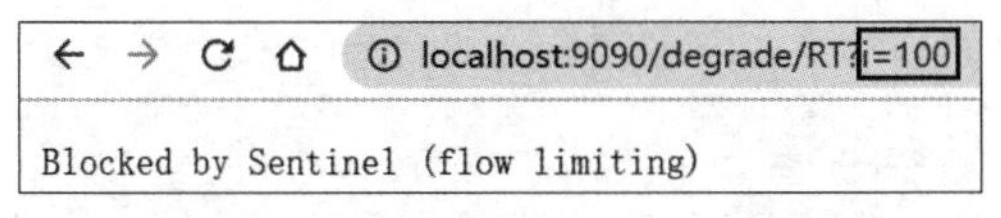

图 6-19　熔断时间窗口内发送普通请求

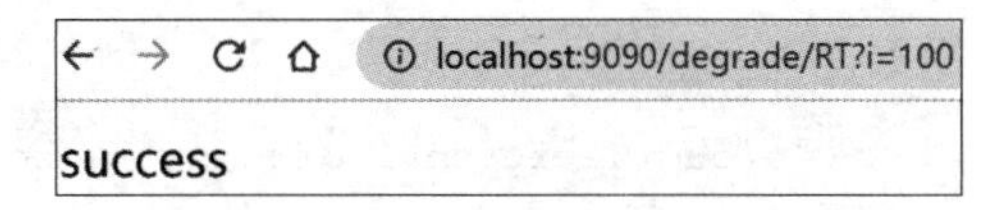

图 6-20　熔断时间过后的测试结果

6.5.6　Nacos 持久化 Sentinel 规则

Sentinel的使用及规则持久化

从前面章节关于 Sentinel 的使用过程可以发现，Sentinel 控制台配置的规则在微服务或 Sentinel 控制台重启的时候就已经被清空了，因为 Sentinel 控制台配置的规则是基于内存存储的，更多时候规则被存储在文件、数据库或者配置中心中，Sentinel 提供了 DataSource 接口为开发者提供对接任意配置源的能力。如果开发者希望 Sentinel 控制台配置的规则在服务重启后仍然有效，就需要对规则进行持久化。Sentinel 官方推荐在控制台设置规则后将规则推送到统一的规则中心，在客户端实现 ReadableDataSource 接口端监听规则中心实时获取变更，流程如图 6-21 所示。

DataSource 扩展常见的实现方式如下。

（1）拉模式：客户端主动向某个规则管理中心定期轮询拉取规则，这个规则中心可以是 RDBMS、文件，甚至是 VCS 等。这样做的优点是简单，缺点是无法及时获取变更，这种方式支持的数据源有动态文件数据源、Consul、Eureka。

（2）推模式：规则中心统一推送，客户端通过注册监听器的方式时刻监听变化，例如，使用 Nacos、ZooKeeper 等配置中心。这种方式有更好的实时性和一致性保证，其支持的数据源有 ZooKeeper、Redis、Nacos、Apollo、etcd。

具体过程如下所示。

（1）创建 chapter-06-02 模块，添加依赖。

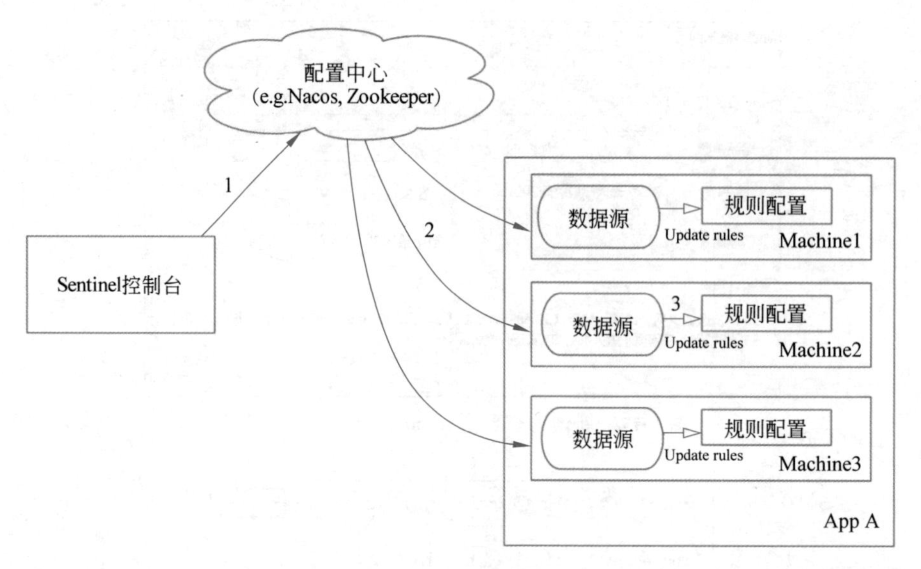

图 6-21　Sentinel 规则持久化

1—控制台设置规则并推送到配置中心　2—客户端监听配置中心的规则配置　3—刷新规则

```
<dependency>
  <groupId>org.springframework.boot</groupId>
  <artifactId>spring-boot-starter-web</artifactId>
</dependency>
<!--注册中心 -->
<dependency>
  <groupId>com.alibaba.cloud</groupId>
  <artifactId>spring-cloud-starter-alibaba-nacos-discovery</artifactId>
</dependency>
<!--Sentinel starter -->
<dependency>
  <groupId>com.alibaba.cloud</groupId>
  <artifactId>spring-cloud-starter-alibaba-sentinel</artifactId>
</dependency>
<!--配置中心 nacos-config -->
<dependency>
  <groupId>com.alibaba.cloud</groupId>
  <artifactId>spring-cloud-starter-alibaba-nacos-config</artifactId>
</dependency>
<!--spring-cloud-starter-boostrap -->
```

```
<dependency>
  <groupId>org.springframework.cloud</groupId>
  <artifactId>spring-cloud-starter-bootstrap</artifactId>
</dependency>
<!--sentinel-datasource-nacos -->
<dependency>
  <groupId>com.alibaba.csp</groupId>
  <artifactId>sentinel-datasource-nacos</artifactId>
</dependency>
```

(2) 创建配置文件 bootstrap.yml,添加配置信息。

```
server:
  port: 9091
spring:
  application:
    name: sentinel-ds-nacos
  cloud:
    nacos:
      discovery:
        server-addr: 127.0.0.1:8848
    sentinel:
      transport:
        dashboard: 127.0.0.1:8080
      #提前触发 Sentinel 初始化
      eager: true
      datasource:
        ds:
          nacos:
            #nacos 地址
            server-addr: ${spring.cloud.nacos.discovery.server-addr}
            #Group
            group-id: DEFAULT_GROUP
            #配置集 Id
            data-id: ${spring.application.name}-flow
            #配置类型: JSON 格式
            data-type: json
            #规则类型: flow-限流(规则类型在枚举 RuleType 中)
            rule-type: flow
```

(3) 创建启动类。

```
@SpringBootApplication
public class SentinelNacosApplication {
```

```
    public static void main(String[] args) {
        SpringApplication.run(SentinelNacosApplication.class, args);
    }
}
```

（4）创建 FlowController，开发 REST 接口进行测试。

```
@RestController
@RequestMapping("/flow")
public class FlowController {

    @RequestMapping("/ds")
    public String ds() {
        return "Nacos Datasource!";
    }
}
```

（5）在 Nacos 控制台添加限流规则，如图 6-22 所示。

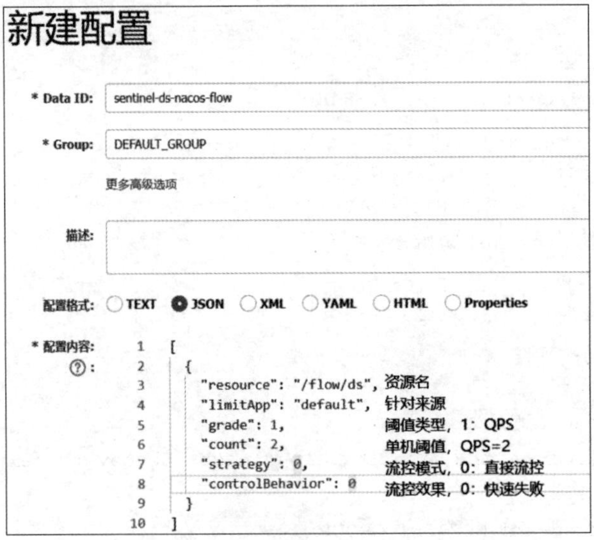

图 6-22　添加限流规则

（6）启动项目，登录 Sentinel 控制台查看 Nacos 推送的规则，如图 6-23 所示。

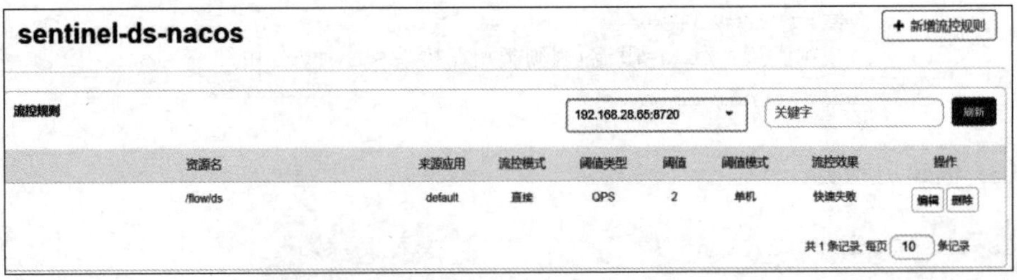

图 6-23　Nacos 推送到 Sentinel 的规则

（7）测试 Nacos 配置的规则，如图 6-24 所示。

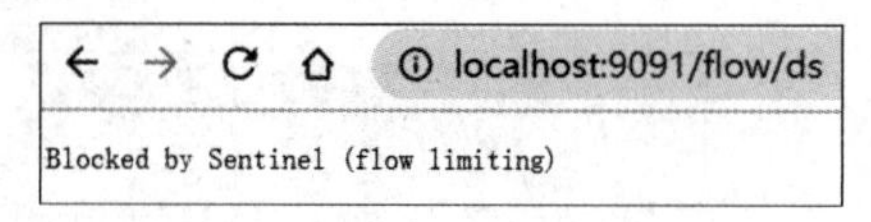

图 6-24 测试 Nacos 配置的规则

第7章 chapter 7

Gateway 微服务网关

本章学习目标

- 理解 API 网关及其作用
- 学习 Spring Cloud Gateway 的基本用法，包括路由配置、请求过滤、转发等功能
- 掌握在 Spring Cloud 中使用 Spring Cloud Gateway 的方法
- 学习自定义 Spring Cloud Gateway 过滤器的方法

本章准备工作

开发人员需要提前准备的开发环境和开发工具包括 IDEA、JDK 11＋、Maven 3.0＋、Nacos 2.1.0＋、MySQL 5.6.5＋。

通过学习前 6 章，读者对微服务架构的开发方式应有了更深入的了解，但在将大型应用程序开发为小服务集合的架构时，还应了解外部客户端调用服务的方式。首先，在设计服务架构时不应暴露系统内运行的所有微服务的地址；其次，还应尽可能在同一个地方执行某些操作，例如，设置请求头信息或设置请求跟踪信息。解决方案是只共享一个边缘网络地址，该地址可以将所有传入的请求代理到适当的服务，这时，就需要使用服务网关。最初，Spring Cloud 封装了 Netflix Zuul 作为服务网关，Zuul 使用一系列不同类型的过滤器，使开发者能够快速灵活地将功能应用到边缘服务。但是，自从 Spring Cloud 2020.0.0 版本发布之后，Spring Cloud 官方移除了 Netflix Zuul 这个网关组件，同时，Spring Cloud 官方也发布 Zuul 的替代产品 Spring Cloud Gateway。

7.1 Gateway 概述

Spring Cloud Gateway 建立在 Spring Framework 5、Project Reactor 和 Spring Boot 2.0 的基础上，旨在提供一种简单、有效、统一的 API 路由管理方式，并且基于过滤器链的方式提供了网关的基本功能，如安全性、监控、恢复能力等。

Spring Cloud Gateway 通常与 Eureka、Consul、ZooKeeper、Nacos 等服务发现与注册中心集成，以便实时更新路由规则和服务实例的注册表信息。此外，Spring Cloud Gateway 还可以集成 Spring Cloud Security、Spring Cloud Sleuth 等安全和监控组件。

7.1.1 Gateway 常用术语

1. 路由(route)

路由是构建网关的最基本的模块，它由一个 ID、一个目标 URI、一组谓词集合和一组过滤器组成，当所有的断言结果为真时就会进行路由匹配。

2. 谓词(predicate)

Java 8 中的函数式接口，Spring Cloud Gateway 中输入的断言参数类型是 Spring 5 中的 ServerWebExchnage，其可以根据 HTTP 请求的属性(如请求方法、请求头或查询参数)对请求进行过滤和匹配。

3. 过滤器

使用特定的工厂构建 GatewayFilter 的实例，类似 Servlet 过滤器，开发者可以使用过滤器在请求和响应前后修改请求和响应的内容等，例如，修改请求头信息和响应头信息、身份验证等。

7.1.2 Gateway 的特点

Spring Cloud Gateway 建立在 Spring Framework 5、Project Reactor 和 Spring Boot 2.0 之上，具有异步非阻塞、响应式编程能力，其可以在任何请求属性上匹配路由，可以根据请求的 URI、HTTP 方法、请求头等信息进行路由。

Spring Cloud Gateway 内置了多种过滤器，在请求到达目标服务之前或返回给客户端之前对请求或响应进行处理，另外，其还集成了断路器，当目标服务出现故障或异常情况时，可以对服务进行熔断和恢复，防止雪崩效应。

Spring Cloud Gateway 集成了 Spring Cloud Discovery 客户端，支持与 Nacos、Eureka、Consul、ZooKeeper 等服务发现组件，可以动态地路由服务实例，支持多种负载均衡策略，如轮询、随机策略等，允许开发者将请求分发到多个服务实例。

7.1.3 Gateway 执行流程

首先，客户端向 Spring Cloud Gateway 发送请求。如果 Gateway 处理器映射器(handler mapping)确定请求与一个具体的路由规则匹配了，则其可以将请求转发到 Gateway Web 处理器，该处理器会通过一个特定于请求的过滤器链处理请求。过滤器可以在代理请求发送前后执行过滤逻辑。接着，执行所有的“前置”过滤器(在执行所有“前置”过滤器逻辑时，客户端往往可以鉴权、限流、记录日志，以及修改请求头信息等)，然后请求代理。请求代理完成后，客户端将运行“后置”过滤器逻辑（在这里可以修改响应数据，如响应头信息等），如图 7-1 所示。

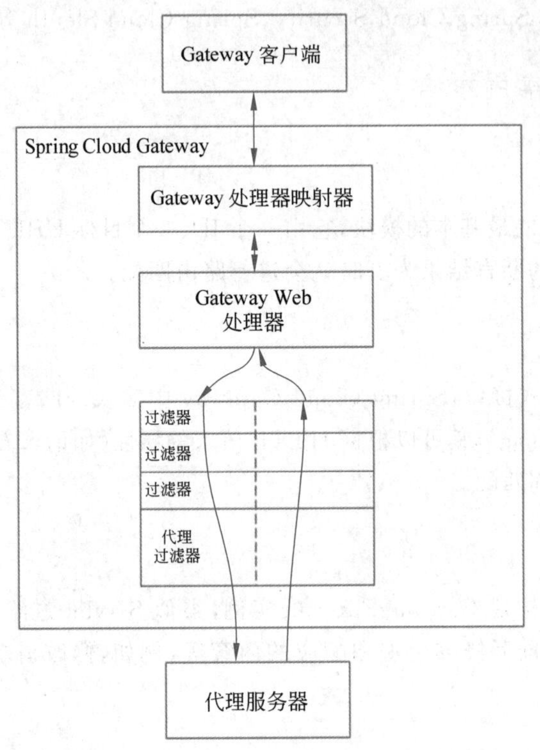

图 7-1 Spring Cloud Gateway 工作原理

7.2 Gateway 案例

7.2.1 入门案例

(1) 创建父工程 chapter07，添加 Maven 依赖，如下所示。

```
<parent>
  <groupId>org.springframework.boot</groupId>
  <artifactId>spring-boot-starter-parent</artifactId>
  <version>2.6.7</version>
</parent>

<dependencyManagement>
  <dependencies>
    <dependency>
      <groupId>org.springframework.cloud</groupId>
```

```
            <artifactId>spring-cloud-dependencies</artifactId>
            <version>2021.0.3</version>
            <type>pom</type>
            <scope>import</scope>
        </dependency>
        <dependency>
            <groupId>com.alibaba.cloud</groupId>
            <artifactId>spring-cloud-alibaba-dependencies</artifactId>
            <version>2021.0.1.0</version>
            <type>pom</type>
            <scope>import</scope>
        </dependency>
        <dependency>
            <groupId>com.alibaba</groupId>
            <artifactId>druid-spring-boot-starter</artifactId>
            <version>1.2.11</version>
        </dependency>
        <dependency>
            <groupId>org.mybatis.spring.boot</groupId>
            <artifactId>mybatis-spring-boot-starter</artifactId>
            <version>2.2.2</version>
        </dependency>
    </dependencies>
</dependencyManagement>
```

(2) 创建子模块 chapter07-01，添加 Spring Cloud Gateway 依赖，这里仅需要引入 spring-cloud-starter-gateway 即可，它默认使用 Spring WebFlux 框架而非 Spring MVC 框架。

```
<dependencies>
    <dependency>
        <groupId>org.springframework.cloud</groupId>
        <artifactId>spring-cloud-starter-gateway</artifactId>
    </dependency>
</dependencies>
```

(3) 在 chapter07-01 模块中创建 application.yml 文件，配置路由规则，将对 http://localhost:7000 的访问路由到 https://www.sdjzu.edu.cn/。

```
server:
  port: 7000
spring:
```

```
  cloud:
    gateway:
      #配置路由规则
      routes:
        - id: hello
          uri: https://www.sdjzu.edu.cn/
          predicates:
            - Path=/**
```

(4) 创建启动类。

```
@SpringBootApplication
public class Chapter0701Application {
    public static void main(String[] args) {
        SpringApplication.run(Chapter0701Application.class, args);
    }
}
```

(5) 在浏览器中测试结果,如图 7-2 所示。

图 7-2 路由结果展示

7.2.2 路由服务

本案例将先开发一个库存服务,然后使用 Spring Cloud Gateway 以负载均衡的方式调用库存服务。

(1) 创建数据库,名称为 cloud,如图 7-3 所示。

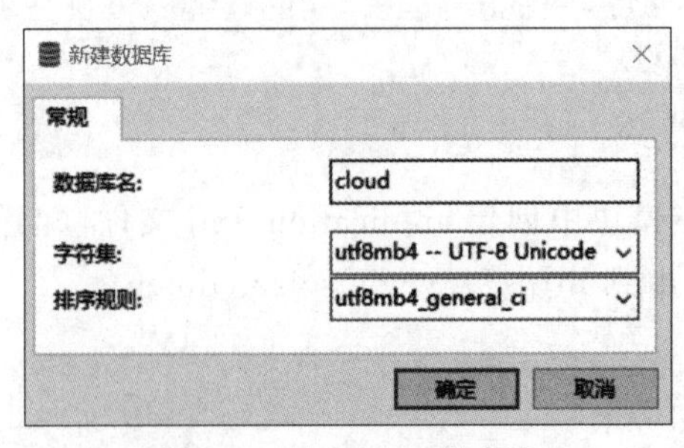

图 7-3 创建 cloud 数据库

(2) 在 cloud 数据库中创建表:cloud_storage。

```sql
CREATE TABLE `cloud_storage` (
  `id` int NOT NULL AUTO_INCREMENT COMMENT '自增 ID',
  `product_code` varchar(255) DEFAULT NULL COMMENT '商品编码',
  `count` int DEFAULT '0',
  PRIMARY KEY (`id`),
  UNIQUE KEY `product_code` (`product_code`)
);
INSERT INTO `cloud_storage` VALUES (null, '6923644223451', '100');
```

(3) 创建库存服务 storage-service，添加 Maven 依赖。

```xml
<dependencies>
  <!--Nacos 整合 Spring Cloud 注册中心依赖 -->
  <dependency>
    <groupId>com.alibaba.cloud</groupId>
    <artifactId>spring-cloud-starter-alibaba-nacos-discovery</artifactId>
  </dependency>

  <!--spring-boot-starter-web -->
  <dependency>
    <groupId>org.springframework.boot</groupId>
    <artifactId>spring-boot-starter-web</artifactId>
  </dependency>

  <!--mybatis-spring-boot-starter -->
  <dependency>
    <groupId>org.mybatis.spring.boot</groupId>
    <artifactId>mybatis-spring-boot-starter</artifactId>
  </dependency>

  <!--druid-spring-boot-starter -->
  <dependency>
    <groupId>com.alibaba</groupId>
    <artifactId>druid-spring-boot-starter</artifactId>
  </dependency>

  <!--mysql -->
  <dependency>
    <groupId>mysql</groupId>
    <artifactId>mysql-connector-java</artifactId>
  </dependency>

  <!--lombok -->
  <dependency>
    <groupId>org.projectlombok</groupId>
```

```
    <artifactId>lombok</artifactId>
    <optional>true</optional>
  </dependency>
</dependencies>
```

（4）创建 application.yml，配置数据源、注册中心等。

```
server:
  port: 7000
spring:
  application:
    #注册到注册中心的服务名
    name: storage-service

  datasource:
    type: com.alibaba.druid.pool.DruidDataSource
    driver-class-name: com.mysql.cj.jdbc.Driver
    url: jdbc:mysql:///cloud?serverTimezone=UTC
    username: root
    password: password
  cloud:
    nacos:
      discovery:
        #Nacos 地址
        server-addr: localhost:8848
mybatis:
    mapper-locations: classpath:mapper/**/*.xml
    type-aliases-package: com.etoak
    configuration:
      log-impl: org.apache.ibatis.logging.stdout.StdOutImpl
```

（5）创建启动类。

```
@SpringBootApplication
@MapperScan(basePackages ="com.etoak.**.mapper")
@EnableTransactionManagement
public class StorageServiceApplication {
    public static void main(String[] args) {
        SpringApplication.run(StorageServiceApplication.class, args);
    }
}
```

（6）创建库存实体类。

```
/** 库存 */
@Data
public class Storage {
    /** 自增主键 */
    private Integer id;
    /** 商品编码 */
    private String productCode;
    /** 商品数量 */
    private Integer count;
}
```

(7) 创建 StorageMapper 接口。

```
public interface StorageMapper {
    /** 根据 productCode 查询库存 */
    Storage selectStorage(String productCode);
    /** 更新库存 */
    int update(Storage storage);
}
```

(8) 在 src/main/resources 目录下创建 mapper 目录,并在其中创建 StorageMaper.xml。

```
<?xml version="1.0" encoding="UTF-8"?>
<!DOCTYPE mapper PUBLIC "-//mybatis.org//DTD Mapper 3.0//EN"
  "http://mybatis.org/dtd/mybatis-3-mapper.dtd">
<mapper namespace="com.etoak.mapper.StorageMapper">
  <select id="selectStorage" parameterType="string" resultType="storage">
select id,product_code AS productCode,count from cloud_storage where product_
code =#{value}
  </select>
  <update id="update" parameterType="storage">
    update cloud_storage set count =#{count} where id =#{id}
  </update>
</mapper>
```

(9) 创建 StorageService 接口和 StorageServiceImpl 实现类。

```
public interface StorageService {
    /**
      * 扣减库存
      */
    boolean deduct(Storage storage);
```

```
}
@Service
public class StorageServiceImpl implements StorageService {
  @Autowired
  StorageMapper storageMapper;
  @Transactional
  @Override
  public boolean deduct(Storage storage) {
    Storage savedStorage =storageMapper.selectStorage(storage.
    getProductCode());
    /* 没有查询到库存 */
    if (ObjectUtils.isEmpty(savedStorage)) {
      return false;
    }
    Integer count =savedStorage.getCount();
    count =count -storage.getCount();
    if (count <=0) {
      throw new RuntimeException("库存不足!");
    }
    // 修改库存
    savedStorage.setCount(count);
    return storageMapper.update(savedStorage) >0;
  }
}
```

（10）创建 StorageController，开发 REST 接口。

```
@RestController
@RequestMapping("/storage")
public class StorageController {
  @Autowired
  StorageService storageService;
/** 库存扣减接口 */
  @RequestMapping(value ="/deduct" , produces ="text/plain;charset=utf-8")
  public String deduct(Storage storage) {
    boolean success =storageService.deduct(storage)
if (!success) {
      return "库存扣减失败!";
    }
    return "库存扣减成功!";
  }
}
```

（11）在浏览器测试上测试接口，如图 7-4 所示。

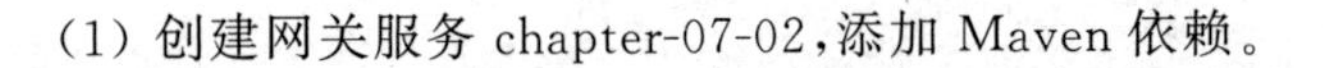

图 7-4 测试库存接口

7.2.3 网关服务

网关服务

(1) 创建网关服务 chapter-07-02,添加 Maven 依赖。

```
<dependencies>
  <!--spring-cloud-starter-gateway -->
  <dependency>
    <groupId>org.springframework.cloud</groupId>
    <artifactId>spring-cloud-starter-gateway</artifactId>
  </dependency>
  <!--Nacos -->
  <dependency>
    <groupId>com.alibaba.cloud</groupId>
    <artifactId>spring-cloud-starter-alibaba-nacos-discovery</artifactId>
  </dependency>
  <!--spring-cloud-starter-loadbalancer -->
  <dependency>
    <groupId>org.springframework.cloud</groupId>
    <artifactId>spring-cloud-starter-loadbalancer</artifactId>
  </dependency>
</dependencies>
```

(2) 创建 application.yml,配置路由规则。

```
server:
  port: 7001
spring:
  application:
name: chapter-07-02
  cloud:
    gateway:
      routes:
        - id: storage-service
          #这个 URI 表示使用 Spring Cloud LoadBalancer 进行负载均衡
          uri: lb://storage-service
          predicates:
            - Path=/storage-sys/**
            - Method=GET,POST
```

```
        filters:
          #StripPrefix 是 Gateway 中的过滤器,用于去除请求 URI 中的前缀
          #这里表示 Gateway 路由服务时去除/storage-sys/这层请求
          -StripPrefix=1
```

（3）创建启动类。

```
@SpringBootApplication
public class Chapter0702Application {
  public static void main(String[] args) {
    SpringApplication.run(Chapter0702Application.class, args);
  }
}
```

（4）启动 chapter-07-02 项目，在 Nacos 控制台查看这个服务和库存服务，如图 7-5 所示。

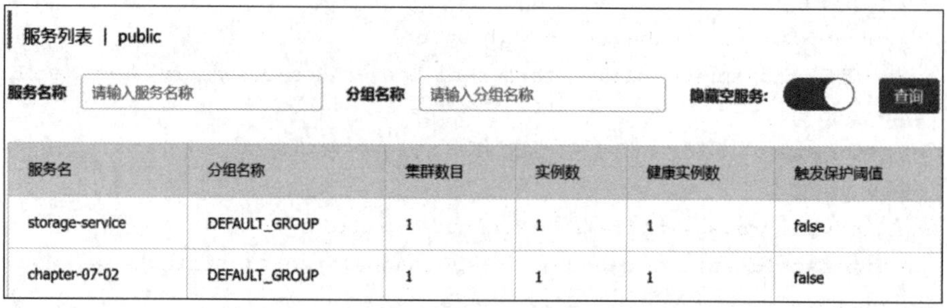

服务列表 | public

服务名称 请输入服务名称　分组名称 请输入分组名称　隐藏空服务:　查询

服务名	分组名称	集群数目	实例数	健康实例数	触发保护阈值
storage-service	DEFAULT_GROUP	1	1	1	false
chapter-07-02	DEFAULT_GROUP	1	1	1	false

图 7-5　网关服务和库存服务

（5）在浏览器中测试结果，如图 7-6 所示。

localhost:7001/storage-sys/storage/deduct?productCode=6923644223451&count=1

网关地址

库存扣减成功！

图 7-6　网关调用库存微服务

7.3　Gateway 路由谓词

Spring Cloud Gateway 利用 Spring WebFlux 的路由功能实现请求和转发路由，具体地说，Spring Cloud Gateway 的路由匹配功能使用了 Spring WebFlux 中的路由谓词（routing predicate），它是一种用于匹配请求的谓词对象，可以根据请求的不同属性（如 URI 路径、请求方法、请求头等）实现匹配。

在 Spring Cloud Gateway 中，开发者可以利用路由谓词实现路由匹配，通过配置不同的路由谓词转发不同类型路由的路由。同时，Spring Cloud Gateway 还提供了一组内置的路由谓词，使开发者能够更加方便地实现路由规则的配置，如图 7-7 所示。

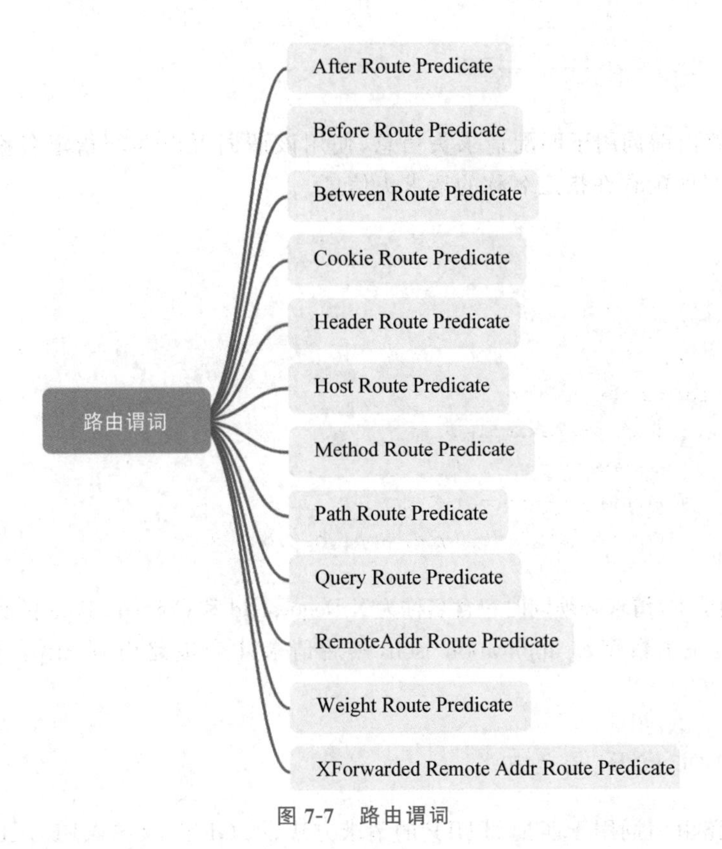

图 7-7 路由谓词

7.3.1 Cookie 路由谓词示例

Cookie 路由谓词用于匹配请求中的 Cookie 信息。使用该谓词可以匹配指定名称和值的 Cookie，或者只匹配存在指定名称的 Cookie。

```
spring:
  cloud:
    gateway:
      routes:
      -id: cookie-route
        uri: https://example.com
        predicates:
        #表示请求中必须设置
        -Cookie=sessionId, abcdefg
```

在这个例子中，如果请求包含名为 sessionId 的 Cookie 并且值为 abcdefg，则该请求会被路由到 http://example.com 这个服务。如果请求中不包含名为 sessionId 的 Cookie 或者 Cookie 值不是 abcdefg，则该请求不会被路由到该服务。

7.3.2 Header 路由谓词示例

Header 路由谓词用于匹配请求头信息，使用该谓词可以匹配指定名称和值的请求头信息，或者只匹配存在指定名称的请求头信息。

```
spring:
  cloud:
    gateway:
      routes:
        - id: header-route
          uri: http://example.com
          predicates:
            - Header=X-Request-Id, \d+
            - Header=Content-Type, application/json
```

在这个例子中，请求必须同时包含名称为 X-Request-Id 和 Content-Type 的头信息，并且它们的值分别是一个数字和 application/json，然后请求才会被路由到 http://example.com 服务。

7.3.3 Method 路由谓词示例

Method 路由谓词用于匹配 HTTP 的请求方法，如 GET、POST、PUT、DELETE 等。

```
spring:
  cloud:
    gateway:
      routes:
        - id: method-route
          uri: http://example.com
          predicates:
            - Method=POST
```

在这个例子中，如果 HTTP 请求方法为 POST，则该请求会被路由到 http://example.com 服务。如果 HTTP 请求方法不是 POST，则该请求不会被路由到该服务。

7.3.4 Path 路由谓词示例

Path 路由谓词用于匹配请求的路径，它允许开发者根据请求的路径将其路由到不同的服务上，同时，也可以使用 Ant 风格的路径模式匹配多个路径。

```
spring:
  cloud:
    gateway:
```

```
        routes:
          - id: path-route
            uri: http://example.com
            predicates:
              - Path=/foo/* *
```

在这个例子中，请求的路径以/foo/开头才会被路由到 http://example.com 服务，路径模式中的 * * 表示/foo/路由下的任意路径和子路径。

7.3.5 Weight 路由谓词示例

Weight 路由谓词可以设置每个实例的权重，用于将请求路由到多个服务实例上。Weight 路由谓词需要两个参数分组(group)和权重(weight，整数)。

```
spring:
  cloud:
    gateway:
      routes:
      - id: weight_high
        uri: https://weighthigh.org
        predicates:
        - Weight=group1, 8
      - id: weight_low
        uri: https://weightlow.org
        predicates:
        - Weight=group1, 2
```

此例会将大约 80%的流量路由转发到 weighthigh.org，大约 20%的流量路由转发到 weightlow.org。

7.4 Gateway 过滤器

Gateway
过滤器

Spring Cloud Gateway 中的过滤器可以在请求被路由前或路由后对请求进行修改，这些过滤器是基于异步非阻塞模型构建的，并且可以形成一个过滤器链依次对请求进行处理。

Spring Cloud Gateway 包含两大类过滤器：网关过滤器(GatewayFilter)和全局过滤器(GlobalFilter)。Spring Cloud Gateway 的过滤器也分为 Pre 过滤器和 Post 过滤器，Pre 过滤器用于请求被路由前的操作，如验证请求、处理请求头信息、修改请求体等；Post 过滤器则是在请求响应完成后执行的，Post 过滤器无法修改请求和响应，如修改响应头、修改响应体等。客户端的请求会先经过 pre 类型的 filter 链，然后将请求路由到具体的服务，服务响应之后，再经过 post 类型的 filter 链处理最后响应到客户端。

7.4.1 GatewayFilter

GatewayFilter是实现网关过滤器的基本单元，其可以在请求路由前或响应后对请求进行拦截与修改。同时，开发者也可以通过 Spring Cloud Gateway 提供的 GatewayFilterFactory 实现一些常见的网关过滤器功能。GatewayFilterFactory 实现了 Spring Cloud Gateway 中的大多数过滤器，如添加请求头、限流、路由转发、修改请求路径等。下面将通过示例介绍几个 Spring Cloud Gateway 中的网关过滤器。

Spring Cloud Gateway 内置了非常多的网关过滤器，详细如图 7-8 所示。

StripPrefixGatewayFilterFactory (org.springframework.cloud.gateway.filter.factory)
SetStatusGatewayFilterFactory (org.springframework.cloud.gateway.filter.factory)
PreserveHostHeaderGatewayFilterFactory (org.springframework.cloud.gateway.filter.factory)
ModifyResponseBodyGatewayFilterFactory (org.springframework.cloud.gateway.filter.factory.rewrite)
RewriteLocationResponseHeaderGatewayFilterFactory (org.springframework.cloud.gateway.filter.factory)
PrefixPathGatewayFilterFactory (org.springframework.cloud.gateway.filter.factory)
SaveSessionGatewayFilterFactory (org.springframework.cloud.gateway.filter.factory)
FallbackHeadersGatewayFilterFactory (org.springframework.cloud.gateway.filter.factory)
TokenRelayGatewayFilterFactory (org.springframework.cloud.gateway.filter.factory)
AbstractChangeRequestUriGatewayFilterFactory (org.springframework.cloud.gateway.filter.factory)
RequestHeaderToRequestUriGatewayFilterFactory (org.springframework.cloud.gateway.filter.factory)
Anonymous in GatewayFilterSpec (org.springframework.cloud.gateway.route.builder)
SpringCloudCircuitBreakerFilterFactory (org.springframework.cloud.gateway.filter.factory)
SpringCloudCircuitBreakerResilience4JFilterFactory (org.springframework.cloud.gateway.filter.factory)
RemoveResponseHeaderGatewayFilterFactory (org.springframework.cloud.gateway.filter.factory)
SetRequestHostHeaderGatewayFilterFactory (org.springframework.cloud.gateway.filter.factory)
SecureHeadersGatewayFilterFactory (org.springframework.cloud.gateway.filter.factory)
DedupeResponseHeaderGatewayFilterFactory (org.springframework.cloud.gateway.filter.factory)
RemoveRequestHeaderGatewayFilterFactory (org.springframework.cloud.gateway.filter.factory)
RetryGatewayFilterFactory (org.springframework.cloud.gateway.filter.factory)
RewritePathGatewayFilterFactory (org.springframework.cloud.gateway.filter.factory)
AbstractNameValueGatewayFilterFactory (org.springframework.cloud.gateway.filter.factory)
AddResponseHeaderGatewayFilterFactory (org.springframework.cloud.gateway.filter.factory)
SetRequestHeaderGatewayFilterFactory (org.springframework.cloud.gateway.filter.factory)
AddRequestParameterGatewayFilterFactory (org.springframework.cloud.gateway.filter.factory)
AddRequestHeaderGatewayFilterFactory (org.springframework.cloud.gateway.filter.factory)
SetResponseHeaderGatewayFilterFactory (org.springframework.cloud.gateway.filter.factory)
RedirectToGatewayFilterFactory (org.springframework.cloud.gateway.filter.factory)
MapRequestHeaderGatewayFilterFactory (org.springframework.cloud.gateway.filter.factory)
ModifyRequestBodyGatewayFilterFactory (org.springframework.cloud.gateway.filter.factory.rewrite)
RequestSizeGatewayFilterFactory (org.springframework.cloud.gateway.filter.factory)
RequestRateLimiterGatewayFilterFactory (org.springframework.cloud.gateway.filter.factory)
CacheRequestBodyGatewayFilterFactory (org.springframework.cloud.gateway.filter.factory)
RemoveRequestParameterGatewayFilterFactory (org.springframework.cloud.gateway.filter.factory)
RequestHeaderSizeGatewayFilterFactory (org.springframework.cloud.gateway.filter.factory)
RewriteResponseHeaderGatewayFilterFactory (org.springframework.cloud.gateway.filter.factory)
SetPathGatewayFilterFactory (org.springframework.cloud.gateway.filter.factory)

图 7-8 网关过滤器

7.4.2 AddRequestHeader 过滤器

AddRequestHeader 过滤器使用一个 name 和 value 参数，用于在将传入请求路由到服务之前为请求添加一个新的请求头信息。以下是一个配置 AddRequestHeader 过滤器的示例，其会在所有匹配的请求中添加一个名称为 x-request-id，值为 foo 的请求头。

```
spring:
  cloud:
    gateway:
      routes:
        -id: storage-service
```

```
          uri: lb://storage-service
          predicates:
            -Path=/storage-sys/**
            -Method=GET,POST
          filters:
            -AddRequestHeader=x-request-id, foo
```

7.4.3 AddResponseHeader 过滤器

AddResponseHeader 过滤器可以在响应头中添加一个自定义的信息。使用该过滤器可以向响应中添加自定义的头部信息。以下是一个该过滤器的示例，这段代码会在所有匹配的请求的响应头中添加一个名称为 x-response-id，值为 bar 的请求头。

```
spring:
  cloud:
    gateway:
      routes:
        -id: storage-service
          uri: lb://storage-service
          predicates:
            -Path=/storage-sys/**
            -Method=GET,POST
          filters:
-AddResponseHeader=x-response-id, bar
```

7.4.4 StripPrefix 过滤器

StripPrefix 过滤器可以用于在路由请求之前从请求路径中删除请求路径的前缀。它使用一个 parts 参数，此参数值表示在将请求路由到服务之前，要从路径中剥离的请求路径前缀个数。以下是一个该过滤器的示例：这段代码会在将请求路径中的/storage-sys/请求路径去除之后，再将请求路由到服务。

```
spring:
  cloud:
    gateway:
      routes:
        -id: storage-service
          uri: lb://storage-service
          predicates:
            -Path=/storage-sys/**
            -Method=GET,POST
```

```
        filters:
          -StripPrefix=1
```

7.4.5 自定义 GatewayFilter

自定义 GatewayFilter 可以在路由服务前为请求添加名称为 x-request-id 的请求头信息，在服务路由结束后向响应头信息中添加 x-response-id。

（1）创建网关服务 chapter-07-03，添加 Maven 依赖。

```
<dependencies>
  <!--spring-cloud-starter-gateway -->
  <dependency>
    <groupId>org.springframework.cloud</groupId>
    <artifactId>spring-cloud-starter-gateway</artifactId>
  </dependency>
  <!--Nacos -->
  <dependency>
    <groupId>com.alibaba.cloud</groupId>
    <artifactId>spring-cloud-starter-alibaba-nacos-discovery</artifactId>
  </dependency>
  <!--spring-cloud-starter-loadbalancer -->
  <dependency>
    <groupId>org.springframework.cloud</groupId>
    <artifactId>spring-cloud-starter-loadbalancer</artifactId>
  </dependency>

  <dependency>
    <groupId>cn.hutool</groupId>
    <artifactId>hutool-all</artifactId>
    <version>5.8.0</version>
  </dependency>
  <dependency>
    <groupId>org.projectlombok</groupId>
    <artifactId>lombok</artifactId>
    <optional>true</optional>
  </dependency>
</dependencies>
```

（2）创建 application.yml，配置路由规则。

```
server:
  port: 7002
```

```
spring:
  application:
    name: chapter-07-02
  cloud:
    gateway:
      routes:
        -id: storage-service
          uri: lb://storage-service
          predicates:
            -Path=/storage-sys/**
          filters:
            -StripPrefix=1
            #自定义的网关过滤器
            -MyPreAndPost
```

(3) 创建启动类。

```
@SpringBootApplication
public class Chapter0703Application {
  public static void main(String[] args) {
    SpringApplication.run(Chapter0703Application.class, args);
  }
}
```

(4) 创建 GatewayFilter。

```
@Component
public class MyPreAndPostGatewayFilterFactory extends

AbstractGatewayFilterFactory<MyPreAndPostGatewayFilterFactory.Config>{

  public MyPreAndPostGatewayFilterFactory() {
    super(Config.class);
  }

  @Override
  public GatewayFilter apply(Config config) {
    return (exchange, chain) ->{
      //在路由请求前向请求头中添加名称为 x-request-id 的信息
      ServerHttpRequest request =exchange.getRequest();
      request.mutate().header("x-request-id", "request-abc");
```

```
        return chain.filter(exchange).then(Mono.fromRunnable(() ->{
          //在路由响应后向响应头中添加名称为 x-response-id 的信息
          ServerHttpResponse response =exchange.getResponse();
          response.beforeCommit(() ->{
            response.getHeaders().add("x-response-id", "response-abc");
            return Mono.empty();
          });
        }));
      }
    }
    /** 添加配置项 */
    public static class Config {
    }
  }
```

（5）测试结果。

在浏览器发送请求：http://localhost:7002/storage-sys/storage/gateway，如图 7-9、图 7-10 所示。

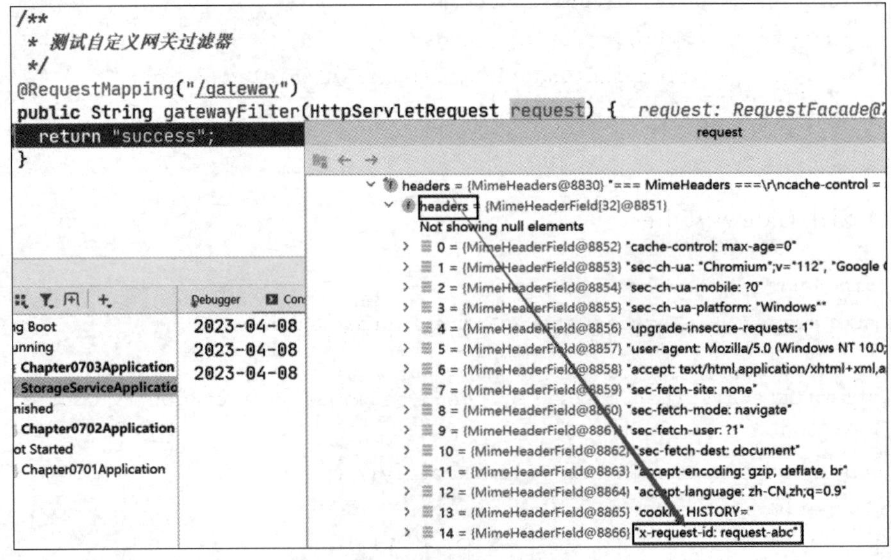

图 7-9　自定义过滤器中的 x-request-id 请求头

7.4.6　GlobalFilter

Spring Cloud Gateway 的全局过滤器是一种特殊的过滤器，它可以被有条件地应用到所有路由上。GlobalFilter 与 GatewayFilter 两个接口中的方法有一致的签名，它们两者主要区别在于：全局过滤器会在请求被路由到具体的服务之前对所有请求进行统一的处理。因此，全局过滤器可以被用来实现一些通用的逻辑，如安全认证、记录请求日志、

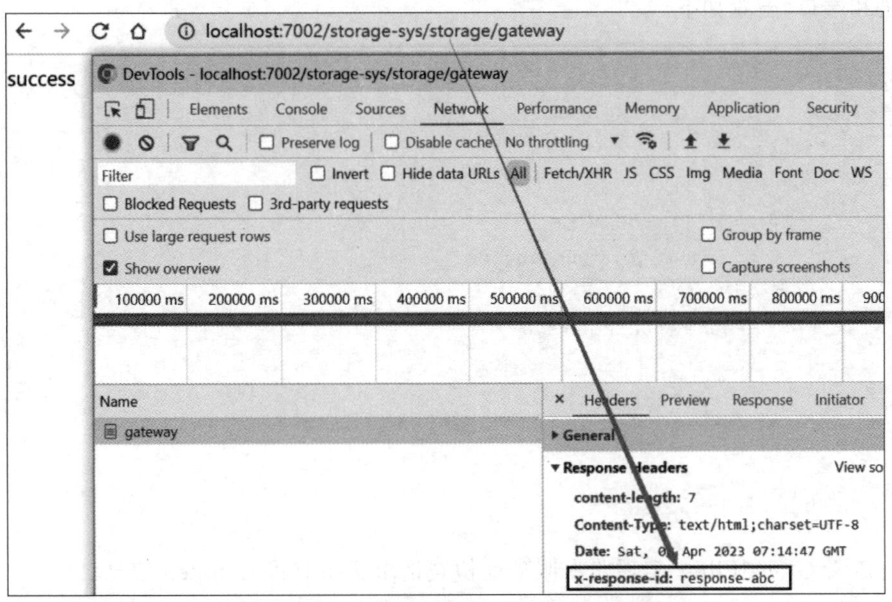

图 7-10 自定义过滤器中的 x-response-id 响应头

监控、限流等。使用全局过滤器需要实现 GlobalFilter 接口，并将其注册到 Spring 容器中，Spring Cloud Gateway 可以自动识别并应用这些全局过滤器。

Spring Cloud Gateway 内置了许多全局过滤器，详细如图 7-11 所示。

图 7-11 全局过滤器

7.4.7 ReactiveLoadBalancerClientFilter

ReactiveLoadBalancerClientFilter 用于实现服务的负载均衡，它基于 Spring Cloud LoadBalancer 实现，适用于响应式的 WebFlux 环境。该过滤器使用 Spring Cloud LoadBalancer 获取可用的服务实例列表，并通过负载均衡算法选择一个实例转发请求，它会检查发起请求的 URL 是否使用了 lb(如 lb://storage-service)，如果使用了则会使用 Spring Cloud LoadBalancer 解析服务名，找到对应的实例。然后将 URI 替换为实际的主机和端口,配置如下。

```
spring:
  cloud:
    gateway:
      routes:
        -id: storage-service
         uri: lb://storage-service
         predicates:
           -Path=/storage-sys/**
         filters:
           -StripPrefix=1
```

7.4.8 自定义全局过滤器

自定义 GlobalFilter 实现路由服务前检查请求头中有没有 token 信息。

(1) 在 chapter07-03 模块中创建 TokenFilter,并将其注册为 Spring 容器的对象。

```
@Component
public class TokenFilter implements GlobalFilter, Ordered {
  public static final String TOKEN ="token";
  @Override
  public Mono<Void> filter(ServerWebExchange exchange, GatewayFilterChain
  chain) {
    ServerHttpRequest request =exchange.getRequest();
    //获取请求头中的 token
    String token =request.getHeaders().getFirst(TOKEN);
    //如果没有 token
    if (!StringUtils.hasLength(token)) {
      ServerHttpResponse response =exchange.getResponse();
      response.getHeaders()
.add(HttpHeaders.CONTENT_TYPE, "text/plain;charset=utf-8");
      DataBuffer dataBuffer =response.bufferFactory()
.wrap("没有认证信息".getBytes());
      return response.writeWith(Mono.just(dataBuffer));
    }
    return chain.filter(exchange);
  }
  @Override
  public int getOrder() {
    return -100;
  }
}
```

（2）在浏览器地址栏中输入接口地址，此时没有携带名称为 token 的请求头，如图 7-12 所示。

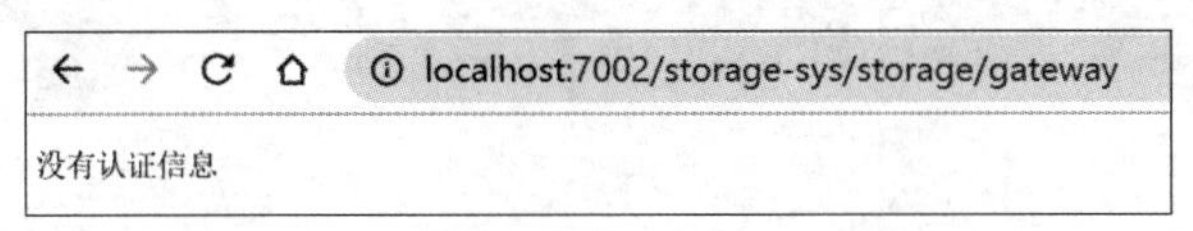

图 7-12　不携带 token 测试全局过滤器

（3）使用接口测试工具再次访问接口，此时携带名称为 token 的请求头，如图 7-13 所示。

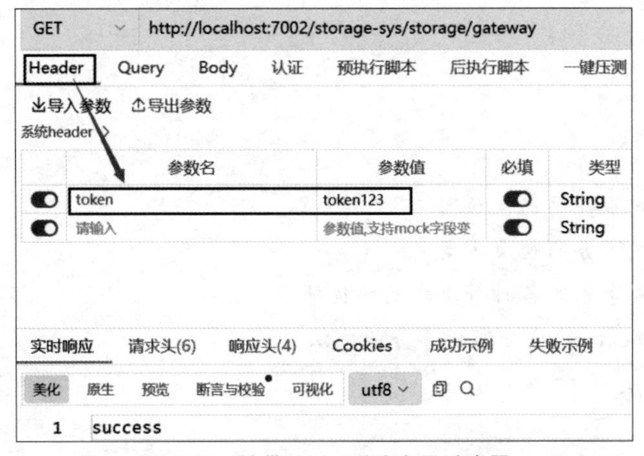

图 7-13　携带 token 测试全局过滤器

第8章 chapter 8

分布式事务(Seata)

本章学习目标

- 了解分布式事务的产生原因
- 掌握分布式事务的解决方案
- 了解分布式事务的各种解决方案的优缺点
- 掌握使用Seata解决分布式事务的方法

本章准备工作

开发人员需要提前准备的开发环境和开发工具包括JDK 11、Maven 3.3+、IDEA、Nacos 2.1.0、MySQL 8.0.25、Seata 1.5.2。

分布式事务指在分布式系统中执行的、跨多个参与者的一系列操作,这些操作要么全部被成功执行,要么被全部回滚,以保证数据的一致性和可靠性。在分布式系统中,由于数据被存储在多个结点上,并且涉及多个并发操作,确保事务的一致性将会变得更加复杂。本章将介绍在Spring Cloud中使用分布式事务的方法。

8.1 分布式事务基础

8.1.1 事务

要学习分布式事务,首先要了解什么是事务:事务就是在某些业务场景下,需要在数据库中执行的一组相关SQL语句或操作,作为一个不可再分的逻辑单元这些SQL语句或操作要么全部执行成功,要么全部执行失败。如经典的事务场景——转账:假设使用数据库描述张三给李四转账100元这件事,从数据库的角度看就是张三的账户减去100,李四的账户加上100,这两条对数据库更新的SQL语句就必须全部执行成功(即转账成功),或者全部执行失败(即转账失败)。

8.1.2 事务的特征

事务具有四个特征：原子性(atomicity)、一致性(consistency)、隔离性(isolation)、持久性(durability)，简称 ACID。

1. 原子性

作为一个原子单元，事务中的所有 SQL 语句或操作不可再分，只能被全部执行成功或者全部执行失败，不能只执行部分 SQL 语句或操作。例如，上面转账案例中张三账户－100 和李四账户＋100 必须是同时执行的，不能只执行一部分。

2. 一致性

事务执行前后数据库的状态是一致的，例如，转账之前张三账户有 100，李四账户有 100，加起来是 200，转账之后张三账户为 0，而李四账户为 200，总数还是 200，事务执行前后数据的状态是一致的。

3. 隔离性

隔离性指的是多个事务操作同一张表时，相互之间影响的程度。例如，张三给李四转账的同时，其他人也正在给李四转账，或者李四在给别人转账，存在多个事务在同时操作相同数据，可能会因此出现一些问题。

4. 持久性

持久性是指一个事务一旦被提交了，那么对数据库中数据的改变就是永久性的，即便数据库系统在遇到故障的情况下也不会丢失提交事务的操作。

8.1.3 事务的隔离级别

事务之间相互影响，可能出现脏读、不可重复读、幻读等问题，所以为了解决这些问题，人们在 SQL 标准中定义了四种隔离级别。

1. 读未提交(read uncommitted)

此级别下事务可以读取其他事务没有提交的数据。在该隔离级别下，事务可以读取到其他事务未提交的数据，所以可能产生“脏读”问题。该隔离级别下的执行效率最高，但隔离性最差。

2. 读已提交(read committed)

此级别下事务可以读取其他数据提交的数据，但无法读取其他事务没有提交的数据。例如，事务 T1 是张三给李四转账 100，而同时事务 T2 王五也正在给李四转账 100，此时如果 T2 不提交，T1 执行查询语句是无法读取到王五给李四转账的数据的，只有 T2

提交时,T1 再次执行查询语句才会读取到 T2 给李四转账的数据。此时对事务 T1 来说,两次执行相同的查询语句,结果却不一致,所以就出现了“不可重读”问题。

3. 可重复读(repeatable read)

在该隔离级别下,事务 T1 和事务 T2 同时对表中的数据进行修改,T1 在 T2 提交的前后执行相同的查询语句所得结果都是一致的(结果未必是最新的),只有当 T1 提交之后,才能获得最新的数据。这样在事务 T1 执行的整个过程保证了数据的“可重复读”。

4. 串行化(serializable)

此级别下事务串行执行,不能并发执行,多个事务操作同一个表时,隔离性最高,但是效率最低。

8.1.4 本地事务

在传统的单体应用中,一般服务器使用的是本地的数据库(数据库被安装在服务器本地),而且在业务逻辑实现的过程中如果需要使用事务的场景,那么只需要操作服务器本地的数据库,不需要远程过程调用(remote procedure call,RPC)其他的数据库服务器,这种事务被称为本地事务。

在 Spring 中,处理本地事务一般使用@Transactional 注解,本质上也是采用数据库支持的事务特性实现的。@Transactional 注解可以放置在方法级别或者类级别上。当标记在方法上时,该方法将被包装在一个事务中;而当标记在类上时,整个类中的方法将被包装在一个事务中。

接下来结合代码演示在 Spring Boot 中进行本地事务的管理。

```
@Service
@Transactional
public class ProductService {

    @Autowired
    private ProductRepository productRepository;

    public void updateProductStock(String productId, int quantity) {
        Product product =productRepository.findById(productId);
        product.setStock(product.getStock() -quantity);
        productRepository.save(product);
    }
}
```

在上述示例中,@Transactional 注解被放置在 ProductService 类上,表示该类中的所有方法都将被包装在一个事务中。在 updateProductStock 方法中,数据库操作将在一个事务中执行,如果方法执行成功,则事务将被提交;如果发生异常,则事务将被回滚,保证数据的一致性。

需要注意的是,在管理事务时,要确保方法的访问权限是公开的(public),以便 Spring Boot 可以拦截并管理事务。

此外,Spring Boot 还提供了一些配置选项以自定义事务管理的行为,例如,设置事务的隔离级别、传播行为、超时等。这些配置选项可以由在应用程序的配置文件(如 application.properties 或 application.yml)中进行调整。

总之,Spring Boot 提供了方便而强大的事务管理功能,使开发者能够轻松地管理数据库操作的事务,确保数据的一致性和可靠性。

8.1.5 分布式事务

分布式事务产生的原因

分布式事务是与本地事务相对的概念,如果事务单元需要操作来自不同数据源的数据或既有本地数据源的操作也有远程过程调用其他服务完成本次业务,那么这就需要使用分布式事务。所以分布式事务就是保证操作不同数据源的数据一致性问题。随着互联网的快速发展,软件项目的业务复杂度和处理的数据量急剧增加,软件系统也由原来的单体架构变成了分布式架构。

架构演变:单体架构阶段,如图 8-1 所示。

在单体架构的应用中,所有功能模块都被放在一个工程中开发,当网站流量很小时,开发者只需由一个应用将所有功能都部署在一起,以减少部署结点和成本。由于这是对本地数据库的单库操作,所以此时处理的事务都是本地事务。例如,"下单后修改会员积分"的业务只需修改本地库中的订单表和会员积分表即可,通过本地数据库的事务特性确保事务成功(全部提交)或者失败(全部回滚),从而保证数据的一致性。

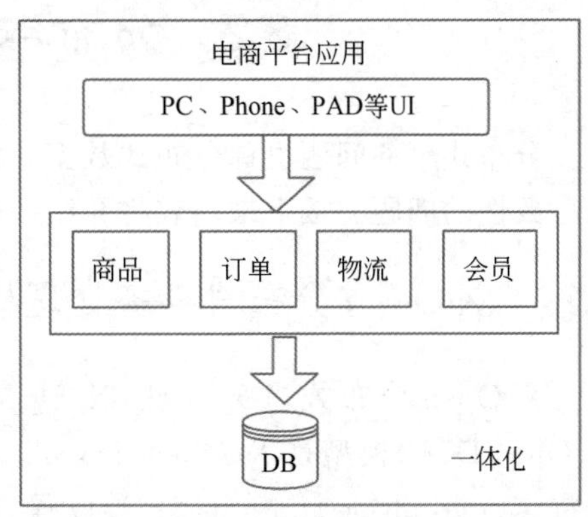

图 8-1 单体架构

架构演变:分布式架构阶段,如图 8-2 所示。

在分布式架构中,原来的模块被拆分成不同的微服务应用,各自模块独立、数据源独立、开发和部署独立。应用之间通过远程过程调用实现交互,此时,如果遇到类似"下单后修改会员积分"的业务,则开发者需要在调用完本地订单服务后远程过程调用会员服务(或其他远程的数据库),此时的事务涉及远程过程调用其他的服务,单一地使用本地事务无法保证数据的一致性,所以这种事务就是分布式事务需要解决的问题。

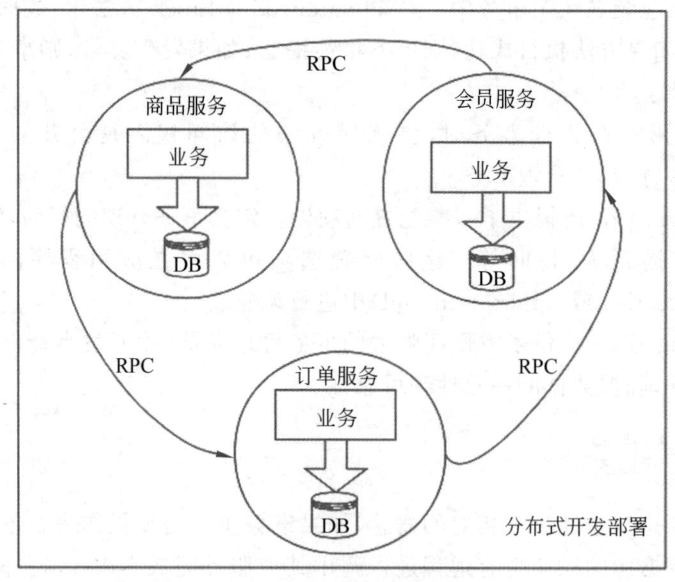

图 8-2 分布式架构

8.2 分布式事务的理论模型

分布式事务问题也称分布式数据一致性问题，就是在分布式场景中保证多个结点数据一致性的问题。接下来内容将介绍一些常见的解决方案。

8.2.1 X/Open 分布式事务处理模型

X/Open 分布式事务处理（X/Open distributed transaction processing reference, X/Open DTP）模型是 X/Open 定义的一套分布式事务标准。这个标准提出了使用两阶段提交（two-phase-commit，2PC）以保证分布式事务的完整性。后来 J2EE 也遵循了 X/Open DTP 模型规范，设计并实现了 Java 里的分布式事务编程接口规范——JTA。

1. X/Open DTP 模型中的角色

1）AP（application program）

AP 即应用程序，主要是定义事务边界及那些组成事务的特定于应用程序的操作，可以将之理解为使用 DTP 的程序。

2）RM（resouces manager）

RM 即资源管理器，管理一些共享资源的自治域，如提供对诸如数据库之类的共享资源的访问。这里可以将之理解为一个 DBMS，或者消息服务器管理系统，应用程序通过资源管理器对资源进行控制，而资源必须实现 XA 定义的接口。

3）TM（transaction manager）

TM 即事务管理器，管理全局事务，协调事务的提交或者回滚，并协调故障恢复，提供给应用程序编程接口及管理资源管理器，其可以被理解为 Spring 中提供的事务管理器，如图 8-3 所示。

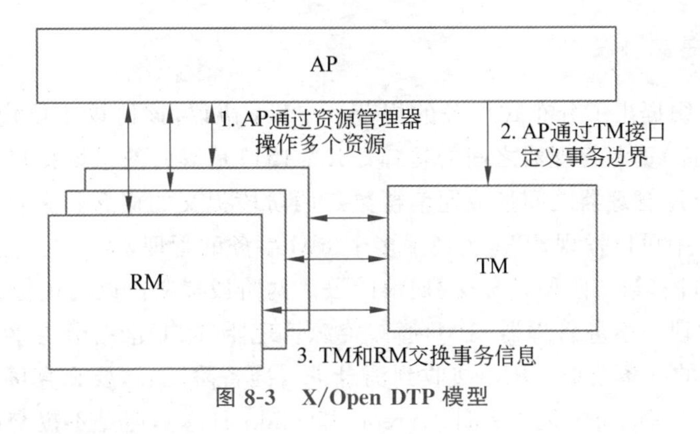

图 8-3 X/Open DTP 模型

2. X/Open DTP 模型执行流程

首先，配置 TM，将多个 RM 注册到 TM 上，相当于 TM 注册 RM 作为数据源；AP 从 TM 管理中的 RM 获取连接，如果 RM 是数据库则获取 JDBC 连接；AP 向 TM 发起一个全局事务，生成全局事务 ID(XID)，XID 通知各个 RM；AP 获取到连接后直接操作 RM，此时 AP 每次操作时会把 XID 传递给 RM；AP 结束全局事务，TM 会通知各个 RM 全局事务结束；根据各个 RM 的事务执行结果，执行提交或者回滚操作，如图 8-4 所示。

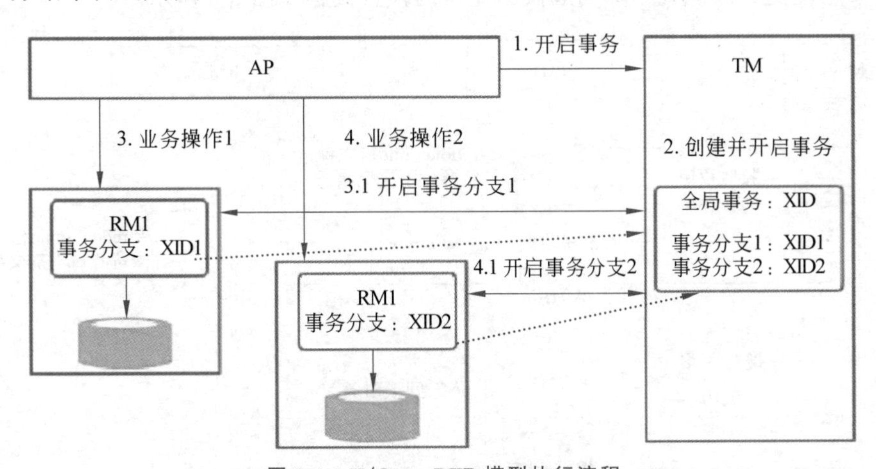

图 8-4 X/Open DTP 模型执行流程

图 8-4 所示的流程图涉及一个全局事务的概念，意思是说原本单机事务模式会存在跨库事务的可见性问题，导致多个结点无法实现全局可控；而 TM 就是一个全局事务管理器，可以管理多个资源管理器的事务，并最终会根据各个事务的执行结果进行提交或回滚。如果注册的所有分支事务中任何一个结点的事务执行失败了，为了保证数据的一致性，TM 会触发各个 RM 事务的回滚。

需要注意的是，TM 与多个 RM 之间的事务控制是基于 XA 协议完成的，XA 协议是 X/Open 提出分布式事务处理规范，也是分布式事务处理的工业标准，它定义了 xa_和 ax

_系列的函数原型及功能描述、约束等。目前，Oracle、MySQL、DB2 都实现了 XA 接口，所以它们都可以作为 RM 被使用。

3. 两阶段提交协议

X/Open 组织提出了分布式事务的规范——XA 协议，该协议主要定义了（全局）事务管理器和（局部）资源管理器之间的接口。XA 接口是双向的系统接口，在事务管理器及一个或多个资源管理器之间形成通信桥梁。两阶段提交的概念就来自 XA 协议中，相信读者从图 8-4 中可以发现，TM 实现了多个 RM 事务的管理，实际上会涉及两阶段：第一阶段是准备阶段；第二阶段是提交/回滚阶段。两阶段提交协议的执行流程如下。

（1）准备阶段。事务管理器（TM）通知资源管理器（RM）准备分支事务，记录事务日志，并告知 TM 的准备结果。RM 接收到消息进入准备阶段后，要么直接返回失败，要么创建并执行本地事务，写本地事务日志（redo 和 undo 日志），但是不提交（此处只保留最后一步耗时最少的提交操作给第二阶段执行）。

（2）提交/回滚阶段。如果所有的 RM 在准备阶段都明确返回成功，则 TM 向所有的 RM 发起事务提交指令以完成变更。如果任何一个 RM 明确返回失败，TM 将向所有的 RM 发送回滚指令。

两阶段提交将事务的处理过程分为投票和执行两阶段，它的优点在于充分考虑到了分布式系统的不可靠因素，并且采用非常简单的方式（两阶段提交）就把由系统不可靠而导致的事务提交失败的概率降到最低。完整的执行流程如图 8-5 所示。

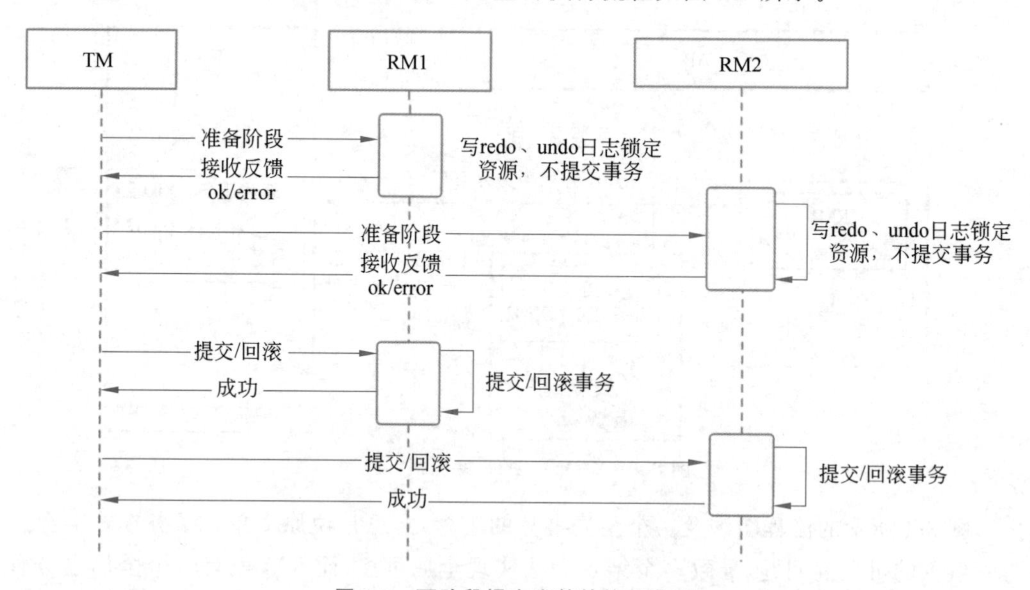

图 8-5　两阶段提交完整的执行流程

redo 日志：存放对原始数据的修改，用于数据库崩溃时的恢复。

undo 日志：存放对原始数据的备份，用于回滚数据。

当然，两阶段提交协议也不是完美的，存在以下缺点。

（1）同步阻塞。所有参与者都是事务阻塞型的，任何一次指令都必须要有明确的响应才能继续下一步工作，否则会处于阻塞状态，占用资源一直被锁定。

（2）过于保守。任何一个结点失败都会导致所有数据回滚。

（3）TM单点故障。如果TM在第二阶段出现了故障，其他的参与者一致处于锁定状态。

（4）"脑裂"导致数据不一致。在协调者（TM）向所有参与者发送提交请求时，可能只发送到一部分的参与者那里，只有一部分参与者收到了提交请求，那么这种情况下，收到提交请求的参与者执行事务提交，没收到的则不会执行，因此出现了数据不一致问题。

8.2.2 三阶段提交协议

三阶段提交协议是两阶段提交协议的改进版本，它利用超时机制解决了同步阻塞的问题，具体概述如下。

1. CanCommit（询问阶段）

协调者向所有的参与者发送一个包含事务内容的"能否提交"（CanCommit）请求，询问是否可以执行事务提交操作，并开始等待各参与者的响应。参与者在接收到来自协调者的"能否提交"（CanCommit）请求后，正常情况下，如果其自身认为可以顺利执行事务，那么会反馈Yes，并进入预备状态，否则反馈No，这个阶段会有超时终止机制。

2. PreCommit（准备阶段）

协调者根据参与者反馈情况决定是否可以进行事务的预提交（PreCommit）操作，如果在询问阶段所有参与者都返回"可以执行"操作，则事务协调者会向所有参与者发送预提交（PreCommit）请求，参与者收到请求后写redo和undo日志，执行事务操作但是不提交事务，然后返回ACK响应、等待事务协调者的下一步通知。如果在询问阶段任意参与者返回"不能执行操作"的结果，那么事务协调者会向所有参与者发送事务终端的请求。

3. DoCommit（提交/回滚阶段）

这个阶段也会存在两种结果，仍然根据上一步骤的执行结果决定提交（DoCommit）的执行方式。如果每个参与者在预提交阶段都返回成功，那么事务协调者会向所有参与者发起事务提交指令。反之，如果参与者中的任一参与者返回失败，那么事务协调器就会发起终止指令以回滚事务。

三阶段提交协议的时序如图8-6所示。

三阶段提交协议和两阶段提交协议相比有一些不同点：

前者增加了一个是否可以提交的询问阶段，用于确认每一个参与者是否可以执行事务操作并且响应它，这一设计的好处是可以尽早发现无法执行操作的风险而终止后续行为。

在准备阶段之后，事务协调者和参与者都引入了超时机制，一旦超时，事务协调者和

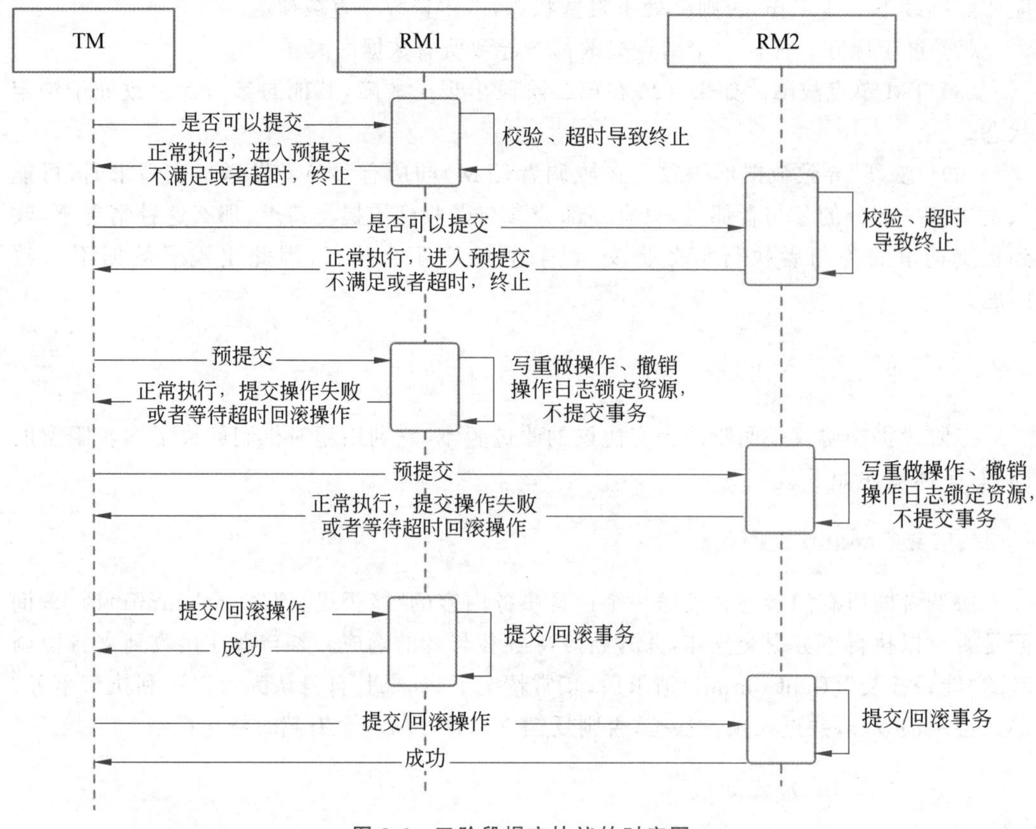

图 8-6　三阶段提交协议的时序图

参与者会继续提交事务，并且认为处于成功状态，因为在这种情况下事务默认为成功的可能性比较大。

不管是两阶段提交协议还是三阶段提交协议都是数据一致性解决方案的实现。但是这两种方案都为了保证数据的强一致性而降低了可用性。

8.2.3　柔性事务

刚性事务(如单数据库)完全遵循 ACID 规范，而柔性事务(如分布式事务)为了满足可用性、性能与降级服务的需要，降低了对一致性与隔离性的要求，仅遵循 BASE 理论，即基本业务可用性(basic availability)、柔性状态(soft state)、最终一致性(eventual consistency)。

同样的，柔性事务也部分遵循 ACID 规范，具体如下。

(1) 原子性：严格遵循。

(2) 一致性：严格遵循事务完成后的一致性；对事务中的一致性可适当放宽。

(3) 隔离性：并行事务间不受影响；允许安全放宽事务中间结果可见性。

(4) 持久性：严格遵循。

柔性事务可以分为四大类：两阶段型、补偿型、异步确保型、最大努力通知型。

(1) 两阶段型。分布式事务采用两阶段提交协议,对应技术上的 XA、JTA/JTS,这是分布式环境下事务处理的典型模式。

(2) 补偿型。TCC(try-confirm-cancel)型事务可以被归为补偿型。在尝试成功的情况下,如果事务要回滚,那么退出操作将被作为一个补偿机制,回滚尝试操作;TCC 各操作事务本地化,且尽早提交(没有两阶段约束);当全局事务要求回滚时,其将通过另一个本地事务实现“补偿”行为。TCC 型事务将资源层的两阶段提交协议转换到业务层,成为业务模型中的一部分。

(3) 异步确保型。将一些有同步冲突的事务操作变为异步操作,避免对数据库事务的争用现象,如消息事务机制。

(4) 最大努力通知型。通过通知服务器(消息通知)进行,允许失败,有补充机制。

8.3 Seata 概述

Seata 是一款开源的分布式事务解决方案,其致力于提供高性能和简单易用的分布式事务服务,将为用户提供 AT、TCC、SAGA 和 XA 事务模式,为用户打造一站式的分布式解决方案。

典型的电商生成订单的需求既需要修改库存,也涉及对订单库的操作,同时还有对会员账户系统的相关更改,而库存、订单和账户服务完全是被分布在不同服务器上的、相互独立的服务,相互之间通过 RPC 的方式交互。

Seata 微服务框架目前已支持 Dubbo、Spring Cloud、Sofa-RPC、Motan 和 gRPC 等 RPC 框架,其他框架正被持续集成中。

1. AT 模式

提供无侵入自动补偿的事务模式,目前已支持 MySQL、Oracle、PostgreSQL、TiDB 和 MariaDB。H2、DB2、SQLServer、达梦正处于开发中。

2. TCC 模式

解决分布式系统中的原子性问题,并且可与 AT 混用,灵活度和适应性更高。

3. SAGA 模式

为长事务提供有效的解决方案,提供编排式与注解式(开发中)。

4. XA 模式

支持已实现 XA 接口的数据库的 XA 模式,目前已支持 MySQL、Oracle、TiDB 和 MariaDB。

5. 高可用

支持计算分离集群模式,水平扩展能力强的数据库,以及 Redis 存储模式、Raft 模式处于预览阶段。

Seata 支持的事务模式

8.4 Seata 支持的事务模式

8.4.1 Seata AT 模式

1. 前提

Seata AT 模式支持基于本地 ACID 事务的关系数据库。Java 应用需要通过 JDBC 访问数据库。

2. 整体机制

两阶段提交协议。第一阶段：业务数据和回滚日志记录在同一个本地事务中提交，释放本地锁和连接资源。第二阶段：提交异步化，非常快速地完成。回滚通过第一阶段的回滚日志进行反向补偿。

3. 写隔离

(1) 提交第一阶段本地事务前需要确保先获取全局锁。

(2) 拿不到全局锁不能提交本地事务。

(3) 拿全局锁的尝试被限制在一定范围内，超出范围将被放弃，并回滚本地事务、释放本地锁。

示例说明：

假设两个全局事务 tx1 和 tx2 分别对 a 表的 m 字段进行更新操作，m 的初始值为 1000。

tx1 先开始，开启本地事务，获取本地锁，更新操作为 m＝1000－100＝900。本地事务提交前，先获取该记录的全局锁，本地提交、释放本地锁。

tx2 后开始，开启本地事务，获取本地锁，更新操作为 m＝900－100＝800。本地事务提交前，尝试获取该记录的全局锁，tx1 全局提交前的全局锁被 tx1 持有，tx2 需要重试、等待全局锁，如图 8-7 所示。

tx1 第二阶段全局提交，释放全局锁。tx2 获取全局锁，提交本地事务，如图 8-8 所示。

如果 tx1 的第二阶段全局回滚，则 tx1 需要重新获取该数据的本地锁，进行反向补偿的更新操作，实现分支回滚。

此时，如果 tx2 仍在等待该数据的全局锁并持有本地锁，则 tx1 的分支回滚会失败。分支的回滚会一直重试，直到 tx2 的全局锁超时、放弃全局锁并回滚本地事务、释放本地锁，tx1 的分支回滚最终会成功。

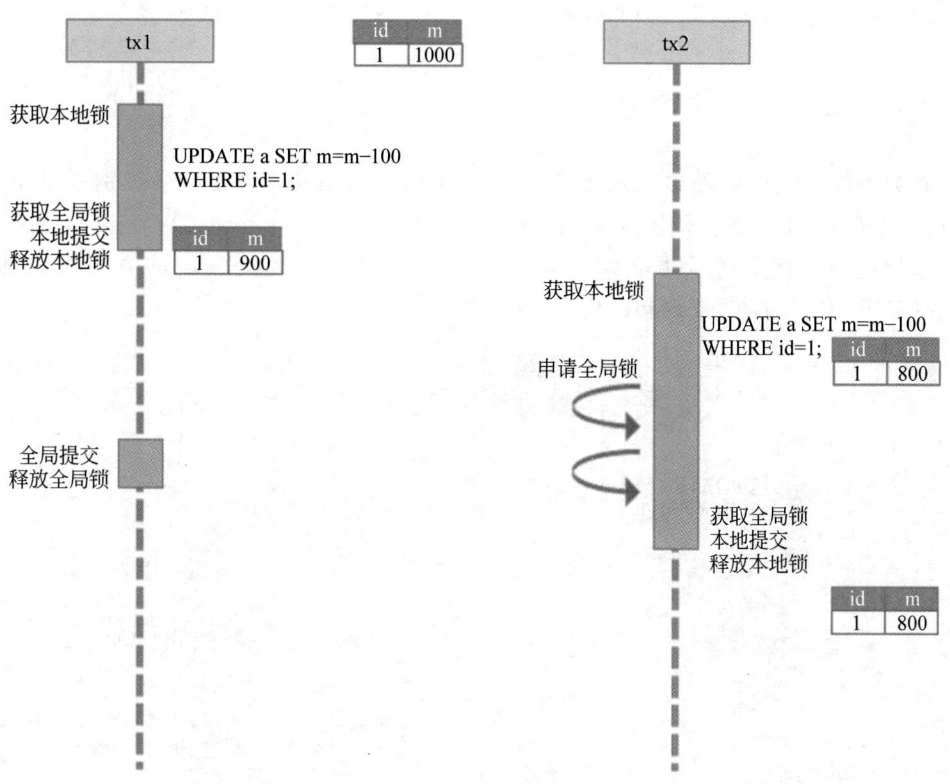

图 8-7 Seata AT 模式写隔离（一）

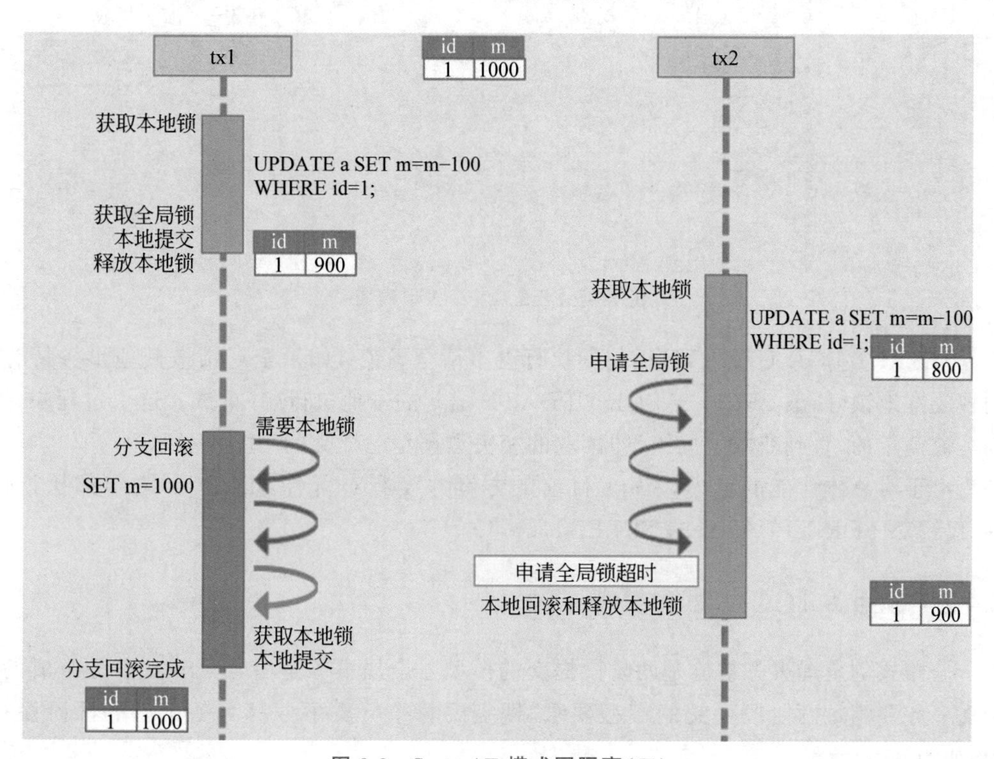

图 8-8 Seata AT 模式写隔离（二）

因为整个过程全局锁在 tx1 结束前一直是被 tx1 持有的，所以不会发生“脏写”的问题。

4. 读隔离

在数据库本地事务隔离级别为读已提交（Read Committed）或更高级别的基础上，Seata（AT 模式）的默认全局隔离级别是读未提交（Read Uncommitted）。

如果应用在特定场景下必须要求全局的读已提交，目前 Seata 的方式则是通过 SELECT FOR UPDATE 语句的代理，如图 8-9 所示。

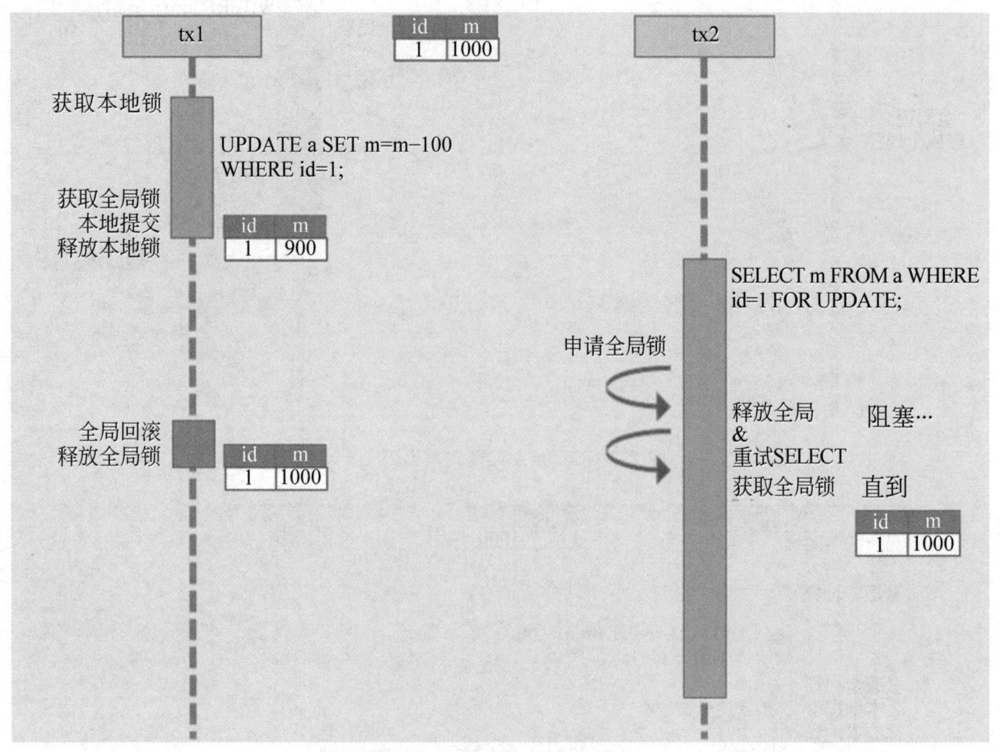

图 8-9　Seata AT 模式读隔离

SELECT FOR UPDATE 语句的执行会申请全局锁，如果全局锁被其他事务持有，则释放本地锁（回滚 SELECT FOR UPDATE 语句的本地执行）并重试。这个过程中，查询是被锁定的，直到获取全局锁（即读取的相关数据是已提交的）才会返回。

出于对总体性能的考虑，Seata 目前的方案并没有对所有 SELECT 语句都执行代理，仅针对 FOR UPDATE 的 SELECT 语句。

8.4.2　Seata TCC 模式

分布式的全局事务整体是两阶段提交的模型。全局事务是由若干分支事务组成的，分支事务要满足两阶段提交的模型要求，即需要每个分支事务都具备自己的两阶段行为，如图 8-10 所示。

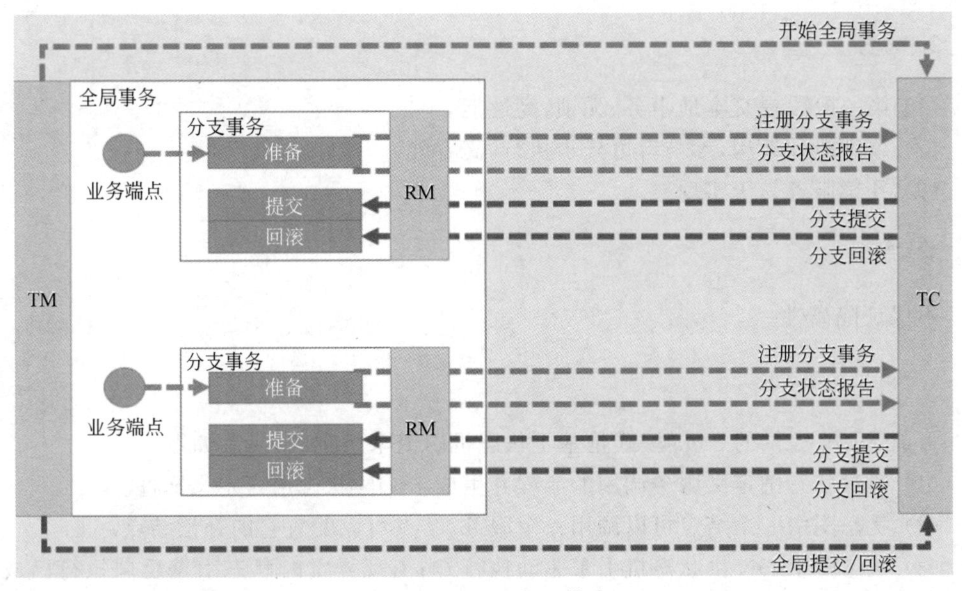

图 8-10 Seata TCC 模式

(1) 第一阶段准备行为。

(2) 第二阶段提交/回滚行为。

根据两阶段行为模式的差别，这里将分支事务划分为 AT 模式和 TCC 模式。

AT 模式基于支持本地 ACID 事务的关系数据库，行为如下。

(1) 第一阶段准备行为：在本地事务中，一并提交业务数据更新和相应回滚日志记录。

(2) 第二阶段提交行为：成功结束，自动异步批量清理回滚日志。

(3) 第二阶段回滚行为：通过回滚日志，自动生成补偿操作，完成数据回滚。

相应地，TCC 模式不依赖底层数据资源的事务支持，行为如下。

(1) 第一阶段准备行为：调用自定义的准备逻辑。

(2) 第二阶段提交行为：调用自定义的提交逻辑。

(3) 第二阶段回滚行为：调用自定义的回滚逻辑。

因此，TCC 模式就是支持把自定义的分支事务纳入全局事务的管理中。

8.4.3 Seata Saga 模式

Saga 模式是 Seata 提供的长事务解决方案，在 Saga 模式中，业务流程的每个参与者都提交本地事务，当出现某一个参与者失败则补偿前面已经成功的参与者，第一阶段普通服务和第二阶段补偿服务都由业务开发实现，如图 8-11 所示。

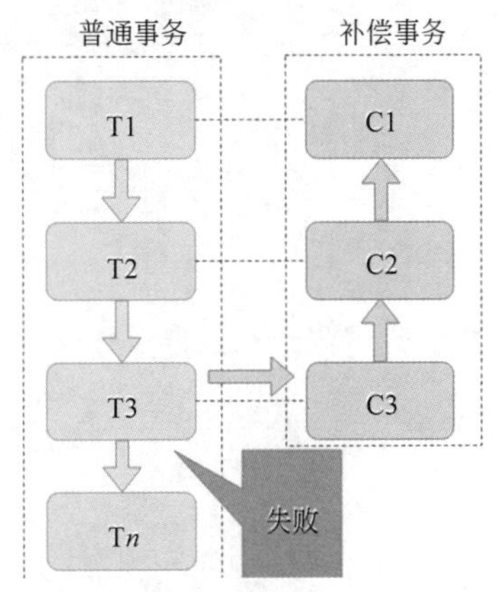

图 8-11 Seata Saga 模式

1. 适用场景

业务流程长、业务流程多，且参与者包含其他公司或遗留系统服务，无法提供 TCC 模式要求的三个接口。

2. 优势

（1）第一阶段提交本地事务，无锁，高性能。

（2）事件驱动架构，参与者可异步执行，高吞吐。

（3）补偿服务易于实现。

3. 缺点

不保证隔离性。

4. Saga 的实现

目前 Seata 提供的 Saga 模式是基于状态机引擎来实现的，机制如下。

（1）通过状态图定义服务调用的流程并生成 JSON 状态语言定义文件。

（2）状态图中一个结点可以调用一个服务，结点可以配置它的补偿结点。

（3）状态图 JSON 由状态机引擎驱动执行，当出现异常时状态引擎反向执行已成功结点，对应的补偿结点将回滚事务。

（4）可以实现服务编排需求，支持单项选择、并发、子流程、参数转换、参数映射、判断服务执行状态、捕获异常等功能，如图 8-12 所示。

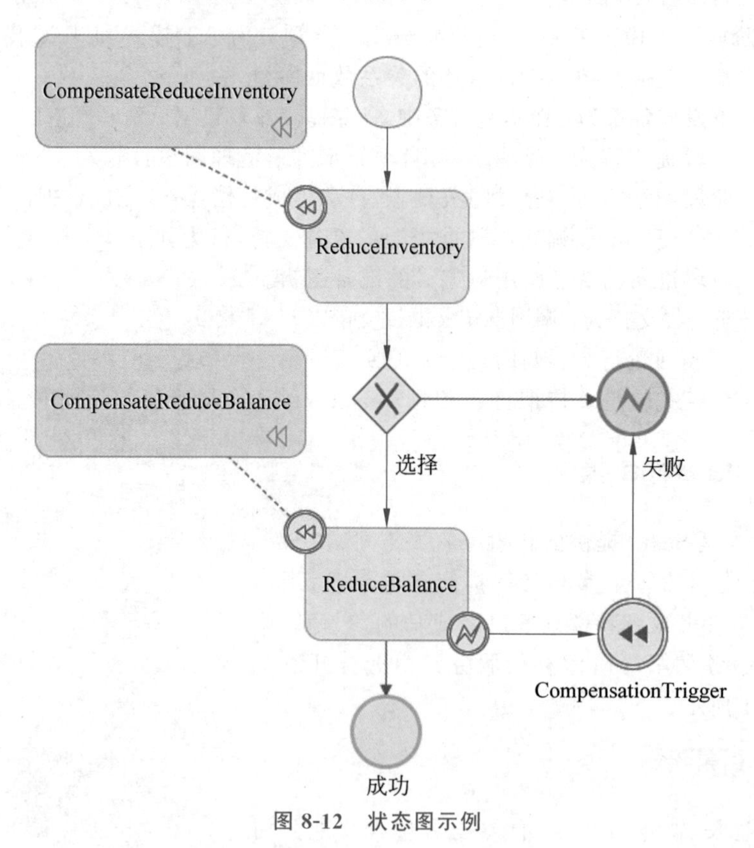

图 8-12　状态图示例

8.4.4 Seata XA 模式

1. 前提

支持 XA 事务的数据库。Java 应用需要通过 JDBC 访问数据库。

2. 整体机制

Seata 定义的分布式事务框架可以利用事务资源（数据库、消息服务等）对 XA 协议的支持以 XA 协议的机制管理分支事务，如图 8-13 所示。

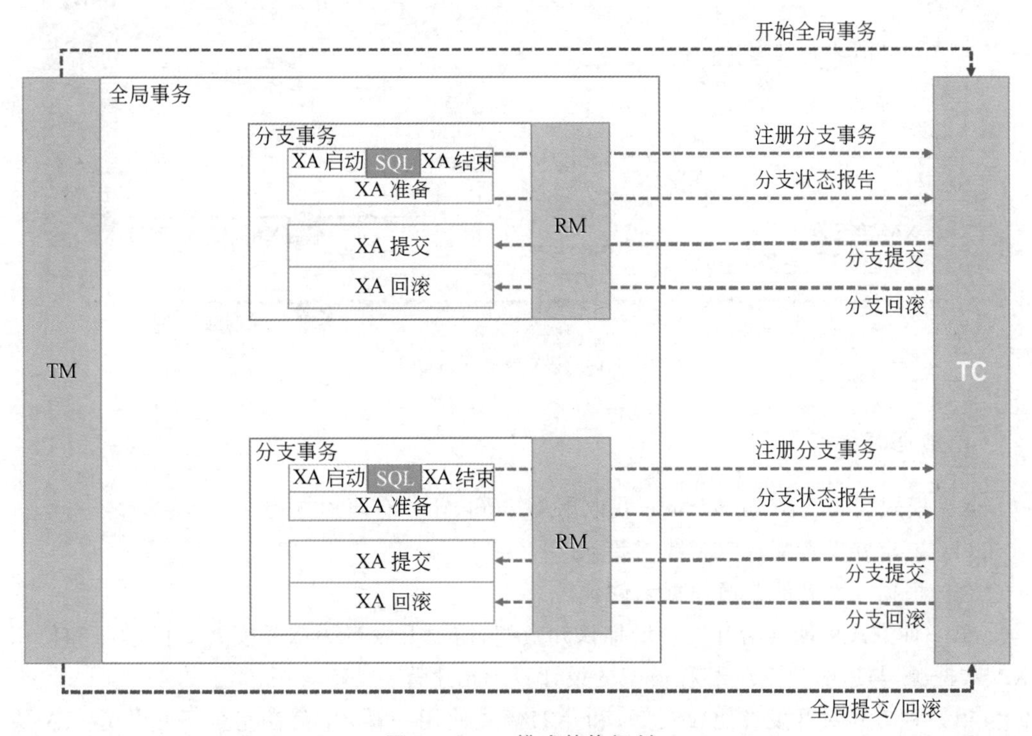

图 8-13　XA 模式整体机制

XA 模式的执行阶段可回滚，业务 SQL 操作将被放在 XA 分支中，由资源对 XA 协议的支持保证可回滚。XA 分支完成后将执行 XA 准备，同样，由资源对 XA 协议的支持实现数据持久化（即之后任何意外都不会造成无法回滚的情况）。

在 XA 模式的完成阶段，分支提交将执行 XA 分支的提交，分支回滚将执行 XA 分支的回滚。

3. 工作机制

该模式的整体运行机制如图 8-14 所示。

执行阶段（execute）：XA 启动/XA 结束/XA 准备＋SQL＋注册分支事务。

完成阶段（finish）：XA 提交/XA 回滚。

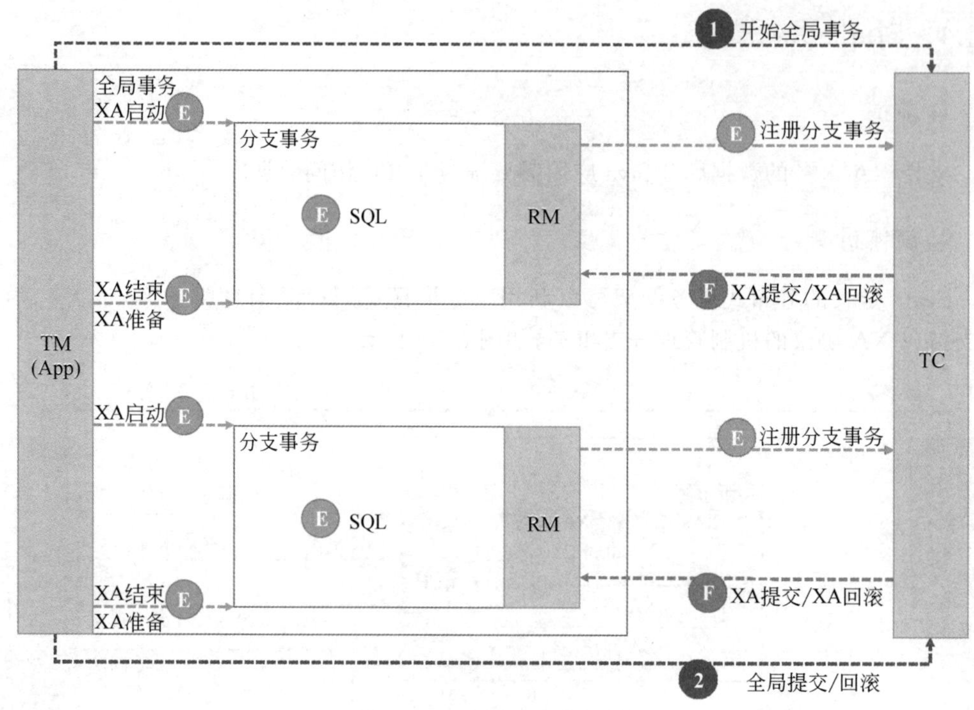

图 8-14 XA 模式工作机制

4. 数据源代理

XA 模式需要 XAConnection，获取 XAConnection 有两种方式。

(1) 要求开发者配置 XA 数据源。

(2) 根据开发者的普通数据源创建。

第一种方式可能会给开发者增加认知负担，需要开发者为 XA 模式专门学习和使用 XA 数据源，与透明化 XA 编程模型的设计目标相违背。

第二种方式对开发者比较友好，和 AT 模式使用一样，开发者完全不必关心 XA 层面的任何问题，保持本地编程模型即可。

下文将优先设计实现第二种方式：根据普通数据源中获取的普通 JDBC 连接创建相应的 XAConnection。

基于普通数据源的代理机制，如图 8-15 所示。

但是，第二种方法有局限：无法保证兼容性。

实际上这种方法是在做数据库驱动程序要做的事情。不同的厂商、不同版本的数据库驱动实现机制是厂商私有的，开发者只能保证其在充分测试过的驱动程序上是正确的，使用的驱动程序版本差异很可能造成机制失效。

综合考虑，XA 模式的数据源代理设计需要同时支持第一种方式：基于 XA 数据源进行代理。

基于 XA 数据源的代理机制，如图 8-16 所示。

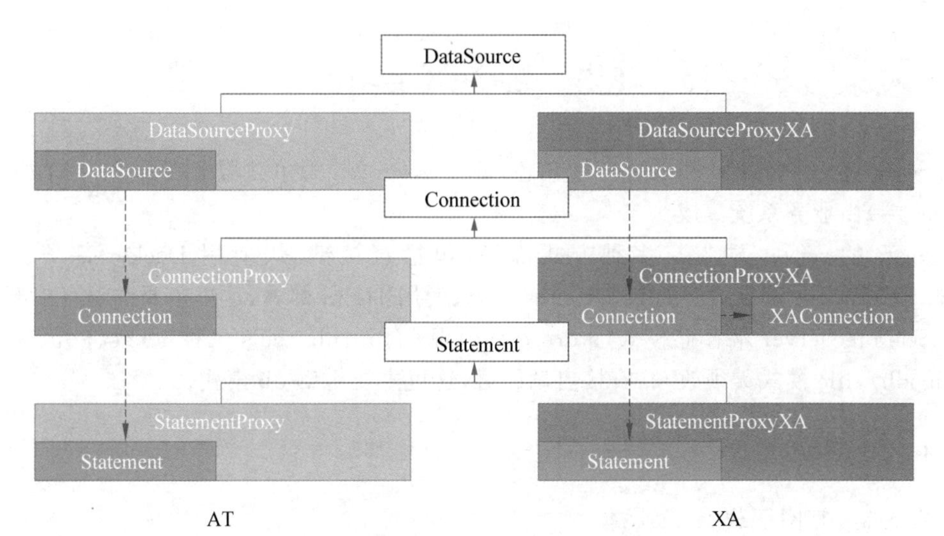

图 8-15 基于普通数据源的代理机制

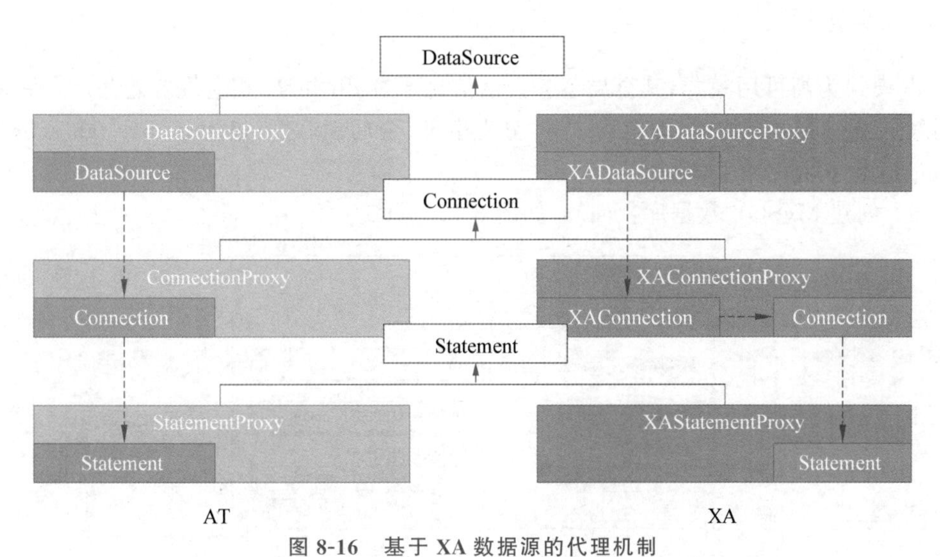

图 8-16 基于 XA 数据源的代理机制

5. 分支注册

启动 XA 需要 XID 参数，这个 XID 参数需要和 Seata 全局事务的 XID、BranchId 参数关联，以便由 TC 驱动 XA 分支的提交或回滚。

目前 Seata 的 BranchId 参数是在分支注册过程中由 TC 统一生成的，所以 XA 模式分支注册的时机需要在 XA 启动之前。

针对 XA，将来一个可能的优化方向是把分支注册尽量延后。其类似 AT 模式在本地事务提交之前才注册分支的方式，避免分支执行失败情况下没有意义的分支注册。这个优化方向需要 BranchId 生成机制的变化来配合。BranchId 不通过分支注册过程生成，而是生成后再带着 BranchId 去注册分支。

8.5 安装 Seata

Seata 包括 TC、TM 和 RM 三个角色，TC(server 端)为单独服务端部署，TM 和 RM (client 端)由业务系统集成。

Seata 的 server 端支持多种方式部署，包括直接部署、使用 Docker 部署、使用 Docker-Compose 部署、使用 Kubernetes 部署、使用 Helm 部署，这里主要讲解直接部署。

Seata 的 server 端存储模式(store.mode)现有 file、db、redis 三种(后续将引入 raft、mongodb)，file 模式无须改动，直接启动即可，这里主要讲解 db 模式。

8.5.1 下载环境

在 Seata 官网下载 1.5.2 版本。

8.5.2 创建数据库

db 模式为高可用模式，其全局事务会话信息通过 db 共享，相应性能差些。全局事务会话信息由三块内容构成，即全局事务、分支事务、全局锁，对应表为 global_table、branch_table、lock_table。

(1) 创建 MySQL 数据库：seata，如图 8-17 所示。

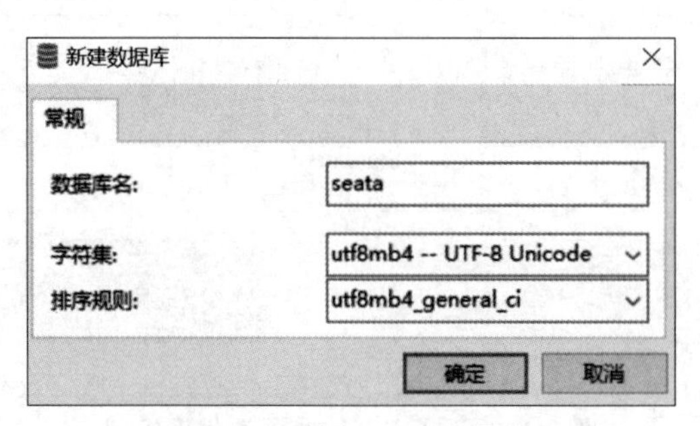

图 8-17 创建 seata 数据库

(2) 执行 seata/script/server/db 目录下的 mysql.sql 文件。

全局事务表部分如下。

```
CREATE TABLE IF NOT EXISTS `global_table`
(
    `xid`                       VARCHAR(128) NOT NULL,
    `transaction_id`            BIGINT,
    `status`                    TINYINT  NOT NULL,
    `application_id`            VARCHAR(32),
    `transaction_service_group` VARCHAR(32),
    `transaction_name`          VARCHAR(128),
```

```
    `timeout`                   INT,
    `begin_time`                BIGINT,
    `application_data`          VARCHAR(2000),
    `gmt_create`                DATETIME,
    `gmt_modified`              DATETIME,
    PRIMARY KEY (`xid`),
    KEY `idx_status_gmt_modified` (`status` , `gmt_modified`),
    KEY `idx_transaction_id` (`transaction_id`)
) ENGINE = InnoDB
  DEFAULT CHARSET = utf8mb4;
```

分支事务表部分如下。

```
CREATE TABLE IF NOT EXISTS `branch_table`
(
    `branch_id`                     BIGINT    NOT NULL,
    `xid`                           VARCHAR(128) NOT NULL,
    `transaction_id`                BIGINT,
    `resource_group_id`             VARCHAR(32),
    `resource_id`                   VARCHAR(256),
    `branch_type`                   VARCHAR(8),
    `status`                        TINYINT,
    `client_id`                     VARCHAR(64),
    `application_data`              VARCHAR(2000),
    `gmt_create`                    DATETIME(6),
    `gmt_modified`                  DATETIME(6),
    PRIMARY KEY (`branch_id`),
    KEY `idx_xid` (`xid`)
) ENGINE = InnoDB
  DEFAULT CHARSET = utf8mb4;
```

全局锁表部分如下。

```
CREATE TABLE IF NOT EXISTS `lock_table`
(
    `row_key`           VARCHAR(128) NOT NULL,
    `xid`               VARCHAR(128),
    `transaction_id`    BIGINT,
    `branch_id`         BIGINT    NOT NULL,
    `resource_id`       VARCHAR(256),
    `table_name`        VARCHAR(32),
    `pk`                VARCHAR(36),
```

```
    `status`        TINYINT     NOT NULL DEFAULT '0' COMMENT '0:locked ,1:
                    rollbacking',
    `gmt_create`    DATETIME,
    `gmt_modified`  DATETIME,
    PRIMARY KEY (`row_key`),
    KEY `idx_status` (`status`),
    KEY `idx_branch_id` (`branch_id`),
    KEY `idx_xid_and_branch_id` (`xid` , `branch_id`)
) ENGINE =InnoDB
  DEFAULT CHARSET =utf8mb4;
CREATE TABLE IF NOT EXISTS `distributed_lock`
(
    `lock_key`      CHAR(20) NOT NULL,
    `lock_value`    VARCHAR(20) NOT NULL,
    `expire`        BIGINT,
    primary key (`lock_key`)
) ENGINE =InnoDB
  DEFAULT CHARSET =utf8mb4;
```

插入数据的语句如下。

```
INSERT INTO `distributed_lock` (lock_key, lock_value, expire)
VALUES ('AsyncCommitting', ' ', 0);
INSERT INTO `distributed_lock` (lock_key, lock_value, expire)
VALUES ('RetryCommitting', ' ', 0);
INSERT INTO `distributed_lock` (lock_key, lock_value, expire)
VALUES ('RetryRollbacking', ' ', 0);
INSERT INTO `distributed_lock` (lock_key, lock_value, expire)
VALUES ('TxTimeoutCheck', ' ', 0);
```

8.5.3 配置文件

修改 seata/conf/application.yml 配置文件，分别修改 store .mode 为 db 模式，修改 seata .config 为 Nacos 配置中心，修改 seata.registry 为 Nacos 注册中心，修改后的内容如下。

```
server:
  port: 7091
spring:
  application:
    name: seata-server
logging:
  config: classpath:logback-spring.xml
  file:
```

```
    path: ${user.home}/logs/seata
  #extend:
  #  logstash-appender:
  #    destination: 127.0.0.1:4560
  #  kafka-appender:
  #    bootstrap-servers: 127.0.0.1:9092
  #    topic: logback_to_logstash
console:
  user:
    username: seata
    password: seata
seata:
  config:
    #support: nacos, consul, apollo, zk, etcd3
    type: nacos
    nacos:
      server-addr: 127.0.0.1:8848
      namespace: ""
      group: DEFAULT_GROUP
      cluster: default
      username: nacos
      password: nacos
      #if use MSE Nacos with auth, mutex with username/password attribute
      #access-key: ""
      #secret-key: ""
      data-id: seataServer.properties
  registry:
    #support: nacos, eureka, redis, zk, consul, etcd3, sofa
    type: nacos
    nacos:
      application: seata-server
      server-addr: 127.0.0.1:8848
      namespace: ""
      group: DEFAULT_GROUP
      cluster: default
      username: nacos
      password: nacos
      #if use MSE Nacos with auth, mutex with username/password attribute
      #access-key: ""
      #secret-key: ""
  store:
    #support: file 、db 、redis
    mode: db
```

```
    db:
      datasource: druid
      db-type: mysql
      driver-class-name: com.mysql.cj.jdbc.Driver
      url: jdbc:mysql://127.0.0.1:3306/seata?useUnicode=
      true&rewriteBatchedStatements=true&serverTimezone=GMT
      user: username
      password: password
      min-conn: 5
      max-conn: 100
      global-table: global_table
      branch-table: branch_table
      lock-table: lock_table
      distributed-lock-table: distributed_lock
      query-limit: 100
      max-wait: 5000
#server:
#service-port: 8091 #If not configured, the default is '${server.port} +1000'
  security:
    secretKey: SeataSecretKey0c382ef121d778043159209298fd40bf3850a017
    tokenValidityInMilliseconds: 1800000
    ignore:
      urls: /,/**/*.css,/**/*.js,/**/*.html,/**/*.map,/**/*.svg,
      /**/*.png,/**/*.ico,/console-fe/public/**,/api/v1/auth/login
```

8.5.4 Nacos 配置

在 Nacos 配置中心创建 seataServer.properties，在 Seata 1.4.2 版本之后，官方推荐在配置中心配置一个 Data ID 以获取所有的配置项，所以，需要在 Nacos 配置中心中新建配置，Data ID 为 seataServer.properties 配置项，Data ID 的配置内容在 seata/script/config-center 目录下的 config.txt 中，如图 8-18 所示。

8.5.5 启动

在 Linux/macOS 系统下，启动方式如下。

```
$sh ./bin/seata-server.sh
```

在 Windows 系统下，启动方式如下。

```
双击 bin\seata-server.bat
```

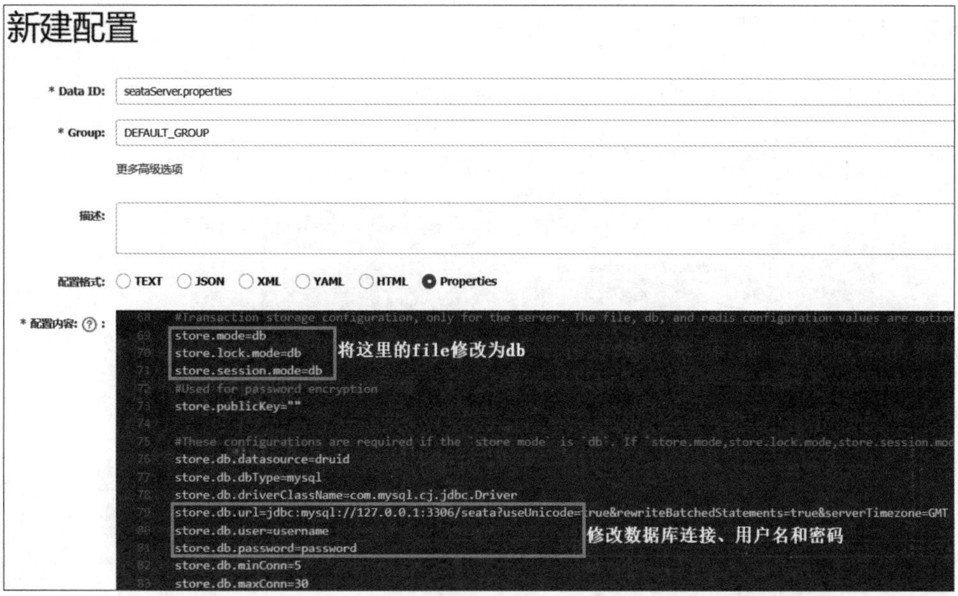

图 8-18 在 Nacos 中创建 Data ID：seataServer.properties

Seata Server 支持的启动参数如表 8-1 所示。

表 8-1 Seata Server 支持的启动参数

参数	全 写	作 用	备 注
-h	--host	指定在注册中心注册的 IP	本参数不指定时，默认获取当前的 IP，外部访问部署在云环境和容器中的 Server 时建议指定该参数
-p	--port	指定 Server 启动的端口	默认为 8091
-m	--storeMode	事务日志的存储方式	支持 file、db、redis，默认为 file（注：redis 需 Seata-Server 1.3 及以上版本）
-n	--serverNode	用于指定 Seata-Server 结点 ID	如 1，2，3，…，默认为 1
-e	--seataEnv	指定 Seata-Server 运行环境	如 dev、test 等，服务启动时会使用如 registry-dev.conf 这样的配置

8.6 Seata AT 模式实例

8.6.1 开发案例

用户购买商品的业务逻辑。业务逻辑由两个微服务提供支持，如下所示。

（1）仓储服务：扣除给定商品的仓储数量。

（2）订单服务：根据采购需求创建订单。

8.6.2 创建父工程

（1）在 IDEA 中创建父工程：chapter-08，如图 8-19 所示。

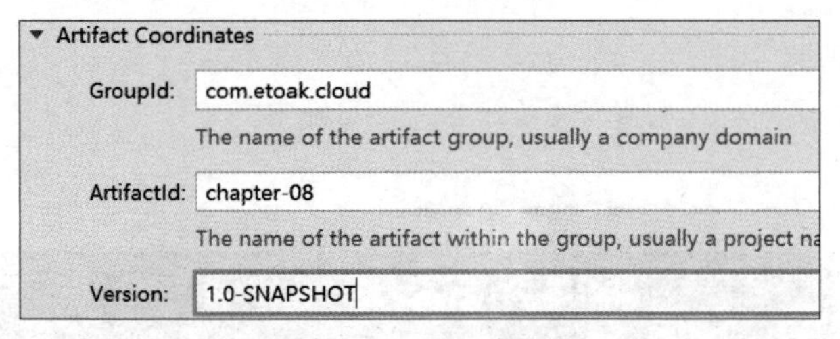

图 8-19　创建父工程

（2）在 pom.xml 中导入 Maven 依赖。

```
<parent>
  <groupId>org.springframework.boot</groupId>
  <artifactId>spring-boot-starter-parent</artifactId>
  <version>2.7.5</version>
</parent>

<dependencyManagement>
  <dependencies>
    <dependency>
      <groupId>org.springframework.cloud</groupId>
      <artifactId>spring-cloud-dependencies</artifactId>
      <version>2021.0.4</version>
      <type>pom</type>
      <scope>import</scope>
    </dependency>

    <dependency>
      <groupId>com.alibaba.cloud</groupId>
      <artifactId>spring-cloud-alibaba-dependencies</artifactId>
      <version>2021.0.4.0</version>
      <type>pom</type>
      <scope>import</scope>
</dependency>

    <dependency>
      <groupId>com.alibaba</groupId>
      <artifactId>druid-spring-boot-starter</artifactId>
      <version>1.2.11</version>
    </dependency>
```

```
    <dependency>
      <groupId>org.mybatis.spring.boot</groupId>
      <artifactId>mybatis-spring-boot-starter</artifactId>
      <version>2.2.2</version>
    </dependency>

  </dependencies>
</dependencyManagement>
```

(3) 创建 common 模块。

在 IDEA 中右击 chapter-08 父工程,创建 common 模块,如图 8-20 所示。

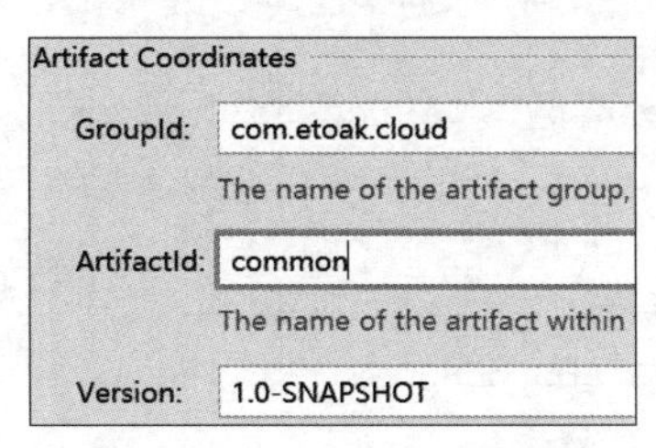

图 8-20 创建 common 模块

创建 REST 接口返回值对象,代码如下。

```
@Data
@NoArgsConstructor
@AllArgsConstructor
public class ResultVO<T>{
    /**
     * 执行成功后的响应码
     */
    public static final int SUCCESS_CODE =200;
    /**
     * 执行成功后的响应消息
     */
    public static final String SUCCESS_MESSAGE ="success";
    /**
     * 执行失败后的响应码
     */
    public static final int FAILED_CODE =500;
    /**
     * 执行失败后的响应消息
     */
    public static final String FAILED_MESSAGE ="系统异常";
    /**
     * 响应码
     */
```

```
    private Integer code;
    /**
     * 响应消息
     */
    private String message;
    /**
     * 响应结果
     */
    private T data;
    /**
     * 执行成功之后调用的方法
     */
    public static <T>ResultVO<T>success(T data) {
        return new ResultVO<>(SUCCESS_CODE, SUCCESS_MESSAGE, data);
    }
    public static <T>ResultVO<T>failed() {
        return failed(FAILED_MESSAGE);
    }
    public static <T>ResultVO<T>failed(String message) {
        return failed(FAILED_CODE, message);
    }
    public static <T>ResultVO<T>failed(int code, String message)
    {
        return new ResultVO<>(code, message, null);
    }
}
```

（4）创建 order-service 工程。

在 IDEA 中右击 chapter-08 父工程，创建 order-service 模块，如图 8-21 所示。

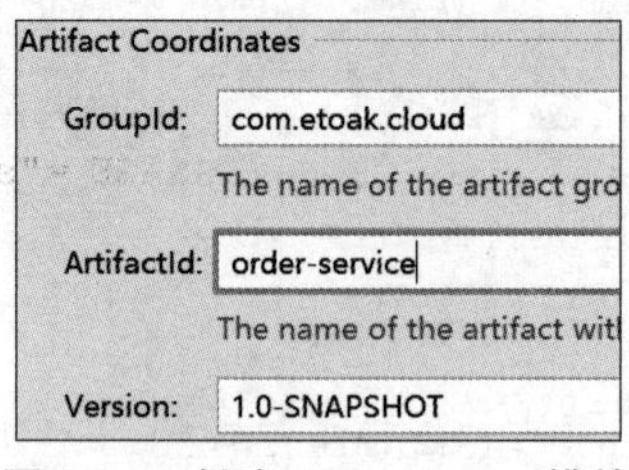

图 8-21　创建 order-service 模块

在 pom.xml 引入 Maven 依赖，代码如下。

```
<dependencies>
    <dependency>
      <groupId>com.etoak.cloud</groupId>
      <artifactId>common</artifactId>
```

```
    <version>1.0-SNAPSHOT</version>
  </dependency>
  <dependency>
    <groupId>org.springframework.boot</groupId>
    <artifactId>spring-boot-starter-web</artifactId>
  </dependency>
  <dependency>
    <groupId>com.alibaba.cloud</groupId>
    < artifactId > spring - cloud - starter - alibaba - nacos - discovery </
    artifactId>
  </dependency>
  <dependency>
    <groupId>com.alibaba.cloud</groupId>
          oud-starter-alibaba-seata</artifactId>

          ework.cloud</groupId>
          d-starter-openfeign</artifactId>

          ework.cloud</groupId>
          d-starter-loadbalancer</artifactId>

          groupId>
          ng-boot-starter</artifactId>

          pring.boot</groupId>
          ring-boot-starter</artifactId>

          d>
          nector-java</artifactId>

          mbok</groupId>
          rtifactId>
          nal>
```

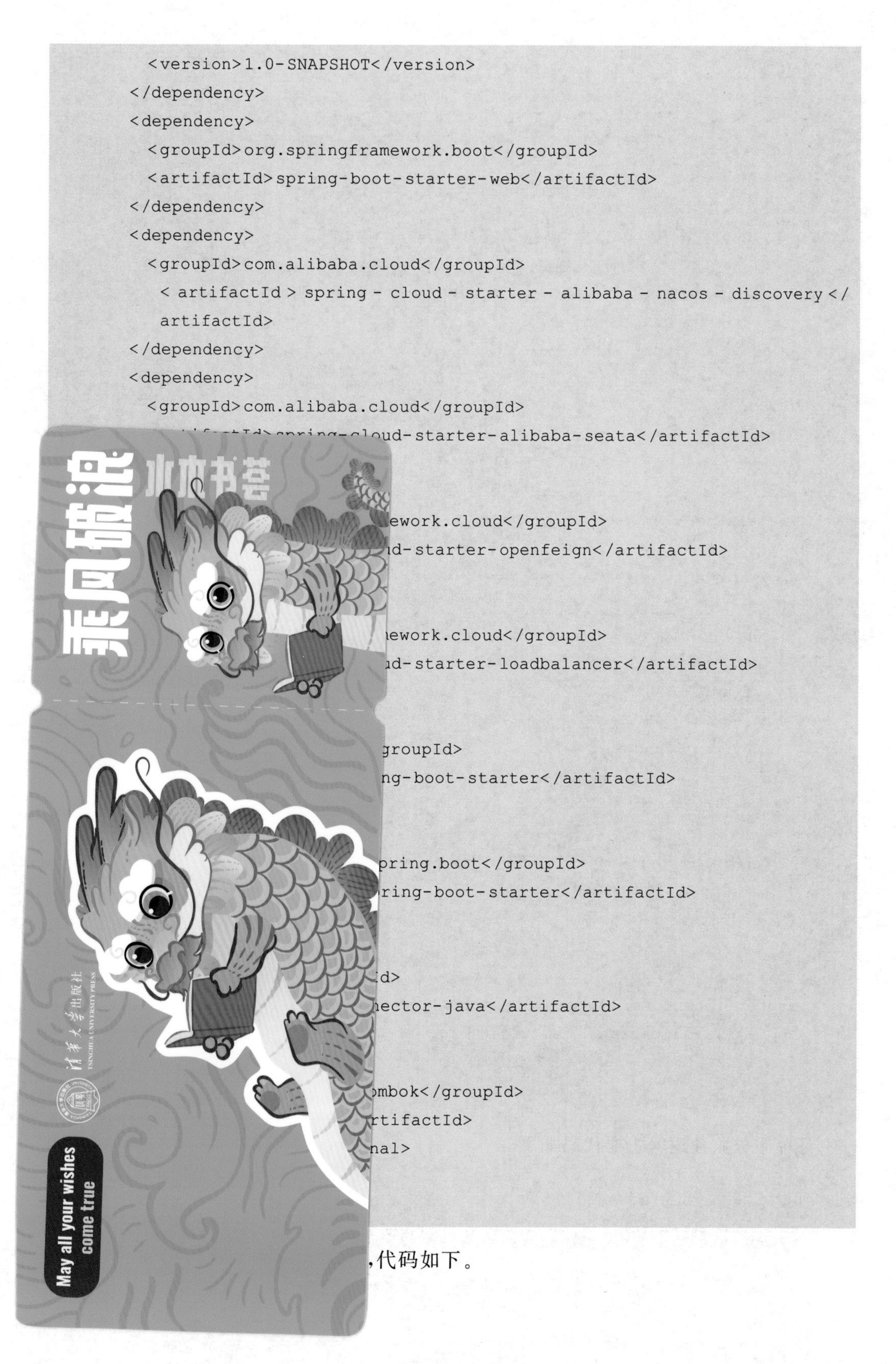

,代码如下。

```
server:
  port: 8080
spring:
  application:
    name: order-service
  datasource:
    type: com.alibaba.druid.pool.DruidDataSource
    driver-class-name: com.mysql.cj.jdbc.Driver
    url: jdbc:mysql:///seata_order?serverTimezone=GMT
    username: root
    password: etoak

  cloud:
    nacos:
      server-addr: 127.0.0.1:8848
seata:
  tx-service-group: etoak_tx_group
  registry:
    type: nacos
    nacos:
      application: seata-server
      server-addr: ${spring.cloud.nacos.server-addr}
      group: DEFAULT_GROUP
      username: nacos
      password: nacos
  config:
    type: nacos
    nacos:
      server-addr: ${spring.cloud.nacos.server-addr}
      group: DEFAULT_GROUP
      username: nacos
      password: nacos
mybatis:
  mapper-locations: classpath:mapper/**/*.xml
  type-aliases-package: com.etoak
  configuration:
    log-impl: org.apache.ibatis.logging.stdout.StdOutImpl
```

订单服务业务逻辑主要代码如下。

```
@Service
public class OrderServiceImpl implements OrderService {
```

```
    @Autowired
    OrderMapper orderMapper;
    @Autowired
    StorageService storageService;
    @GlobalTransactional
    @Override
    public void create(Order order) {
        int totalPrice =order.getCount() * order.getMoney();
        order.setMoney(totalPrice);
        orderMapper.insert(order);
        // 调用远程服务扣减库存
        storageService.deduct(order.getCommodityCode(), order.getCount());
    }
}
```

(5) 创建 storage-service 工程。

在 IDEA 中右击 chapter-08 父工程,创建 storage-service 模块,如图 8-22 所示。

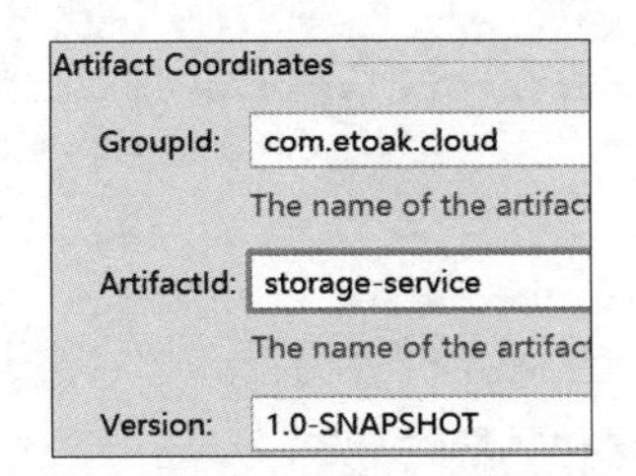

图 8-22 创建 storage-service 模块

在 pom.xml 引入 Maven 依赖,代码如下。

```
<dependencies>
  <dependency>
    <groupId>com.etoak.cloud</groupId>
    <artifactId>common</artifactId>
    <version>1.0-SNAPSHOT</version>
  </dependency>

  <dependency>
    <groupId>org.springframework.boot</groupId>
    <artifactId>spring-boot-starter-web</artifactId>
  </dependency>

  <dependency>
    <groupId>com.alibaba.cloud</groupId>
    <artifactId>spring-cloud-starter-alibaba-nacos-discovery</artifactId>
  </dependency>
```

```
  <!--seata -->
  <dependency>
    <groupId>com.alibaba.cloud</groupId>
    <artifactId>spring-cloud-starter-alibaba-seata</artifactId>
  </dependency>

  <dependency>
    <groupId>com.alibaba</groupId>
    <artifactId>druid-spring-boot-starter</artifactId>
  </dependency>

  <dependency>
    <groupId>org.mybatis.spring.boot</groupId>
    <artifactId>mybatis-spring-boot-starter</artifactId>
  </dependency>

  <dependency>
    <groupId>mysql</groupId>
    <artifactId>mysql-connector-java</artifactId>
  </dependency>

  <dependency>
    <groupId>org.projectlombok</groupId>
    <artifactId>lombok</artifactId>
    <optional>true</optional>
  </dependency>
</dependencies>
```

编写配置文件 application.yml，代码如下。

```
server:
  port: 8081
spring:
  application:
    name: storage-service
  datasource:
    type: com.alibaba.druid.pool.DruidDataSource
    driver-class-name: com.mysql.cj.jdbc.Driver
    url: jdbc:mysql:///seata_storage?serverTimezone=GMT
    username: root
    password: etoak
```

```
  cloud:
    nacos:
      server-addr: 127.0.0.1:8848
seata:
  tx-service-group: etoak_tx_group

  registry:
    type: nacos
    nacos:
      application: seata-server
      server-addr: ${spring.cloud.nacos.server-addr}
      group: DEFAULT_GROUP
      username: nacos
      password: nacos
  config:
    type: nacos
    nacos:
      server-addr: ${spring.cloud.nacos.server-addr}
      group: DEFAULT_GROUP
      username: nacos
      password: nacos
mybatis:
  mapper-locations: classpath:mapper/**/*.xml
  type-aliases-package: com.etoak
  configuration:
    log-impl: org.apache.ibatis.logging.stdout.StdOutImpl
```

库存扣减核心业务逻辑如下。

```
@Service
public class StorageServiceImpl implements StorageService {
    @Autowired
    StorageMapper storageMapper;
    /**
      * 库存扣减
      *
      * @param commodityCode  商品编码
      * @param count          扣减数量
      */
    @Override
    public void deduct(String commodityCode, int count) {
        //根据商品编码查询
```

```
        Storage storage =storageMapper.getByCommodityCode(commodityCode);
        /* 判断库存 */
        int stock =storage.getCount();
        if (stock <count) {
            throw new RuntimeException("库存不足!");
        }
        // 扣减库存
        stock =stock -count;
        storageMapper.updateStorage(commodityCode, stock);
    }
}
```

(6) 使用接口测试工具测试接口，如图 8-23、图 8-24 所示。

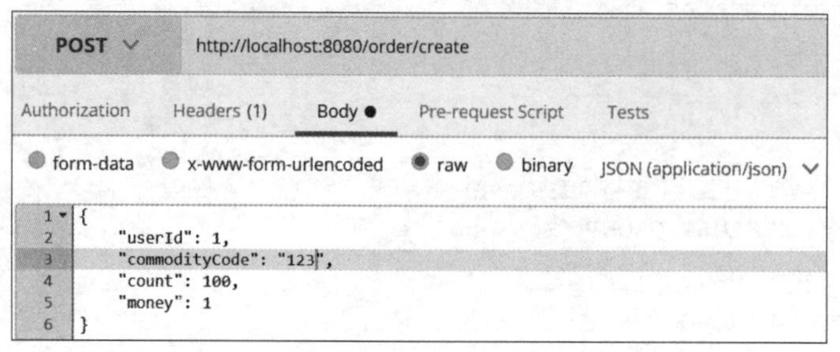

图 8-23　测试订单接口

xid	transactionId	applicationId	transactionServiceGroup	transactionName	status	timeout
192.168.100.3:8091:9372534342168950	9372534342168950	order-service	etoak_tx_group	create(com.etoak.entity.Order)	••• Begin	60000

图 8-24　Seata 开始事务

Seata 回滚事务如图 8-25 所示。

xid	transactionId	applicationId	transactionServiceGroup	transactionName	status	timeout
192.168.100.3:8091:9372534342168993	9372534342168993	order-service	etoak_tx_group	create(com.etoak.entity.Order)	••• Rollbacking	60000

图 8-25　Seata 回滚事务

第 9 章 chapter 9

消息队列(RocketMQ)

本章学习目标

- 了解 RocketMQ 的概念
- 掌握 RocketMQ 的架构
- 学习 RocketMQ 的环境搭建方法
- 学习 RocketMQ 的使用方法
- 深入理解 RocketMQ 的内部原理

本章准备工作

开发人员需要提前准备的开发环境和开发工具包括 IDEA、JDK 11+、Maven 3.0+、RocketMQ 5.1、MySQL 5.6.5+。

RocketMQ 是一种开源的、分布式的消息中间件,其最初由阿里巴巴集团开发和维护,现在由 Apache 软件基金会管理。RocketMQ 主要用于解决分布式系统中的异步通信和数据处理问题,可被广泛应用于电商、金融、物流、游戏等领域。

9.1 RocketMQ 概述

消息中间件是一种用于分布式系统中解耦、异步通信的软件组件,主要用于处理应用程序之间的消息传递。它可以将消息从生产者发送到中间件,再从中间件传递到消费者,实现不同应用之间的异步通信,使应用程序之间的耦合度降低,提高系统的可扩展性和可靠性。

消息中间件通常支持多种消息传递模式,如点对点模式和发布/订阅模式。在点对点模式下,消息发送者发送消息到特定的队列中,但只有一个消息接收者从队列中接收并处理该消息。在发布/订阅模式下,消息发送者将消息发布到特定的主题中,多个消息接收者均可以订阅该主题并接收消息。

一些常见的消息中间件包括 RocketMQ、Apache Kafka、RabbitMQ、ActiveMQ 等，它们在不同的场景下具有不同的特点和优势，本章主要讲解 RocketMQ 的使用和原理。

9.1.1 RocketMQ 是什么

阿里巴巴的 RocketMQ 是一款开源的消息中间件，其可以提供高性能、高可靠性、分布式、高可用的消息服务。它支持点对点、广播、顺序消息等多种消息模型，可以方便地实现分布式系统的消息通信。RocketMQ 的特点是易于使用、效率高、可靠性强，因此被广泛应用在电商、金融、物联网等领域。

RocketMQ 能够解决可靠性消息传递、消息有序投递、消息去重、可追溯消息历史，支持消息分类和消费顺序等功能。RocketMQ 除了具备消息队列实现的基础功能外，还提供了一系列的插件服务，以及完善的管理界面和监控工具，其众多的可扩展性让用户可以更轻松地添加扩展和运维服务。

9.1.2 RocketMQ 的特点

作为一款高可靠性、高性能、简单易用、功能强大的消息中间件，RocketMQ 适合不同的业务场景，其特点如表 9-1 所示。

表 9-1　RocketMQ 的特点

特　点	描　述
高可靠性	采用主从备份的架构，保证了消息的高可靠性
高性能	提供了高效的消息传输和存储机制，支持高吞吐量的消息传输
简单易用	提供了丰富的文档和示例，方便用户上手和使用
功能强大	提供了广播、点对点、事务等多种消息处理方式，满足不同的业务场景
消息顺序	支持消息的顺序处理，保证消息的顺序
消息路由	支持消息的路由功能，方便用户对消息进行分类和管理
开源免费	是开源的消息中间件，用户可以免费使用和贡献代码

9.1.3 RocketMQ 使用场景

当今大型的互联网公司和企业广泛使用 RocketMQ 作为消息中间件。如某“双十一”活动期间流量非常高，通过 RocketMQ 可以保证消息的可靠传输、高吞吐量和低延迟，实现对订单、支付、物流等系统的高并发处理。同时，RocketMQ 也可以作为实时收集和处理日志的消息传输层，能够快速、高效地收集、分析和监控各种日志数据，为业务运营提供支持。

以下是一些 RocketMQ 的使用场景。

1. 通知和处理异步消息

RocketMQ 可以通过异步消息的方式处理通知,适用处理大量通知的场景。

2. 处理分布式事务

RocketMQ 支持分布式事务消息,可以在多个系统之间传输数据和处理事务,适用于分布式系统场景。

3. 收集和处理实时日志

RocketMQ 支持高并发、高可用地收集和处理实时日志,可以收集分布式系统中的各种日志数据,适用于收集日志、分析和监控场景。

4. 处理大规模数据

RocketMQ 可以作为大规模数据处理平台的消息传输层,支持传输消息、持久化消息、流式处理等功能,适用于数据处理场景。

5. 消息队列

RocketMQ 提供了消息队列的功能,可以传输和处理异步消息,适用于各种消息队列场景。

9.1.4 RocketMQ 与其他中间件的对比

以 RocketMQ、RabbitMQ、Kafka 这三个不同的消息中间件做横向对比,那么下面是三者的主要区别和优势,如表 9-2 所示。

表 9-2 RocketMQ、RabbitMQ、Kafka 的主要区别和优势

项目	RocketMQ	RabbitMQ	Kafka
架构	RocketMQ 是阿里巴巴开发的一款分布式消息中间件,专注于高性能和高可靠性	RabbitMQ 是由 LShift 开发的一款开源消息中间件,采用 Erlang 语言开发	Kafka 是由 LinkedIn 开发的一款开源消息中间件,采用 Scala 语言开发
消息队列	RocketMQ 支持消息的可靠性传输和消息的顺序性保证,消息可以通过顺序队列、广播队列等多种方式投递	RabbitMQ 支持消息的路由,用户可以根据消息的特征,将消息路由到不同的队列中	Kafka 支持高吞吐量的消息传输,可以处理大量的数据
生态系统	RocketMQ 提供了丰富的客户端,支持多种语言,如 Java、C++、Go 等,方便用户使用	RabbitMQ 支持消息的持久化,消息在队列中可以永久保存,保证消息不会丢失	Kafka 支持消息分区,用户可以将消息分散到多个分区中,提高消息的处理效率
适用场景	RocketMQ 提供了管理界面,方便用户对集群进行监控和管理	RabbitMQ 提供了丰富的插件,支持多种协议,如 HTTP、AMQP 等,方便用户与其他系统集成	Kafka 支持多种数据持久化策略,用户可以根据自己的需求选择最合适的策略

以 RocketMQ 和 RabbitMQ 为例，二者在架构、消息模型、消息存储、性能等方面有一定的差别。

（1）架构。RocketMQ 采用的是主从备份的分布式架构，具备高可用性和高可靠性；而 RabbitMQ 采用的是分布式队列架构，支持消息的负载均衡。

（2）消息模型。RocketMQ 支持点对点、广播、顺序消息等多种消息模型，更加灵活；RabbitMQ 主要支持点对点和发布订阅消息模型。

（3）消息存储。RocketMQ 支持消息的持久化存储，保证了消息的安全；RabbitMQ 的消息存储是基于内存的，如果服务器宕机则消息会丢失。

（4）性能。RocketMQ 的消息传输和存储机制设计得比较高效，在高吞吐量的情况下性能较好；RabbitMQ 在高并发情况下会有一定的性能问题。

（5）定制化。RocketMQ 提供了丰富的 API 和插件机制，支持用户的定制化需求；RabbitMQ 的定制化能力相对较弱。

RocketMQ 架构

9.2 RocketMQ 架构

RocketMQ 的架构主要由四部分组成：name server、broker、producer 和 consumer，如图 9-1 所示。

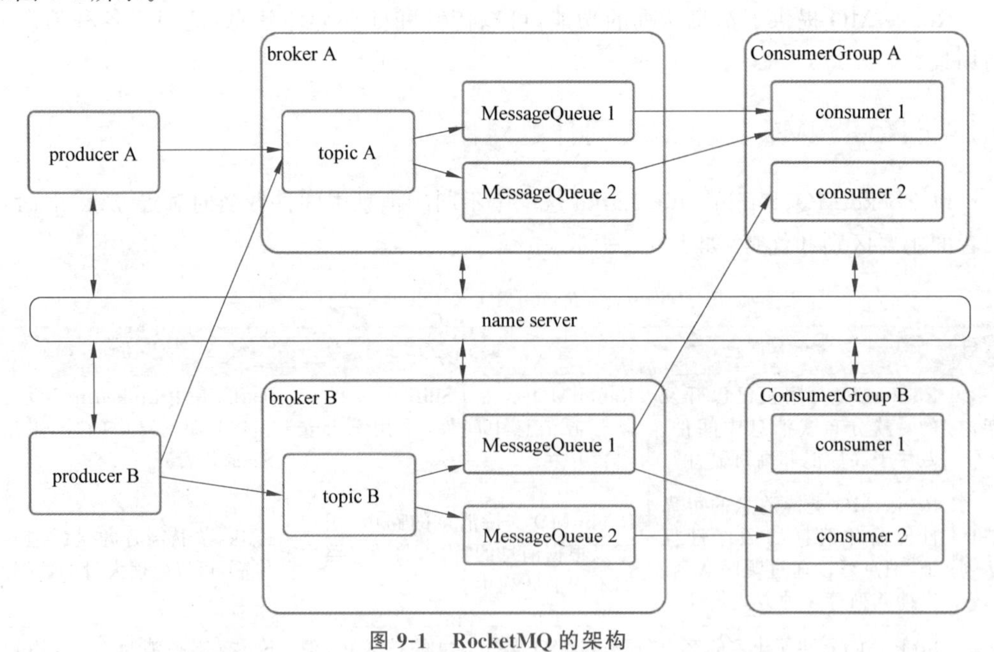

图 9-1　RocketMQ 的架构

9.2.1 topic 名词解释

在 RocketMQ 中，topic 是消息传输的逻辑概念，用于标识消息的主题或者类型。一个 topic 可以包含多个消息队列（MessageQueue），每个消息队列有一个主结点和多个从结点，用于实现消息的备份和容错。producer 将消息发送到指定的 topic，consumer 订阅对应的 topic 并从中消费消息。

topic 的命名规则是由字母、数字、短横线(-)和下画线(_)组成，长度不能超过 255 个字符。一个应用程序可以创建多个 topic，每个 topic 通常对应一类业务数据或事件。例如，电商应用可以创建一个名为 order 的 topic，用于处理订单相关的消息；另外可以创建一个名为 promotion 的 topic，用于处理促销相关的消息。

在使用 RocketMQ 时，topic 需要在 name server 进行注册，当 producer 发送消息时，需要指定要发送的 topic 名称，broker 将消息存储到对应的 topic 中，当 consumer 订阅 topic 时，broker 会将消息推送给 consumer。

topic 是 RocketMQ 消息传输和处理的核心概念之一，通过合理的 topic 设计，系统可以实现高效、可靠、可扩展的消息传输和处理。

RocketMQ 实现 topic 的高可用性和扩展性的方式有两种。

(1) 水平扩展。RocketMQ 允许在 broker 端添加更多的 broker 实例，将消息队列分布在不同的 broker 上，实现负载均衡和故障容错。在水平扩展的过程中，producer 和 consumer 不需要任何修改，可以自动感知新增的 broker 实例并调整负载均衡策略。

(2) 主从同步。每个消息队列都有一个主结点和多个从结点，主结点负责接收和存储消息，从结点用于备份主结点的数据。当主结点发生故障时，某个从结点会自动切换为主结点，保证消息的可靠性和高可用性。在主从同步的过程中，producer 和 consumer 不需要关心主结点和从结点的细节，可以自动感知消息队列的状态并调整负载均衡策略。

9.2.2　name server

name server 是 RocketMQ 的路由中心，用于管理 broker 和 topic 的元数据信息。它记录了每个 topic 的读写队列，以及每个 broker 结点的信息，当 producer 或 consumer 连接到 RocketMQ 时，需要先通过 name server 获取相应的 broker 地址，才能进行消息的发送和接收。

在 name server 中，所有的 topic 都有且只有一个主 broker 结点，但可以有多个从 broker 结点，用于提高可用性和容错性。

重点：name server 的元数据信息采用基于内存和文件的混合存储方式。元数据信息分为两类：一类是静态配置信息，如 broker、topic、group 等信息，这些信息被保存在文件中，可以持久化存储；另一类是动态信息，如 broker、topic 的在线状态信息、路由信息等，这些信息被保存在内存中，不会被持久化存储。

9.2.3　broker

broker 是消息存储和传输的核心结点，用于接收和存储 producer 发送的消息，并将消息发送给 consumer。一个 broker 可以包含多个 topic，每个 topic 可以包含多个消息队列，每个消息队列都有一个主结点和多个从结点，用于实现消息的备份和容错。

重点：broker 的存储采用基于文件的存储方式。RocketMQ 将消息按照 topic 和 Message Queue 进行存储，每个 Message Queue 对应一个文件目录，文件中存储的是消息的数据文件和索引文件。消息数据文件用于存储消息的实际内容，索引文件用于加快消息的查询和检索速度。

9.2.4 producer

producer 是消息的生产者，用于将消息发送到 broker。当 producer 向 broker 发送消息时，会指定要发送的 topic 和消息内容，broker 将消息存储到对应的 topic 中，然后将消息发送给 consumer。

重点：producer 向 broker 发送消息时，首先需要指定需发送的 topic 名称和消息内容，然后将消息发送到 broker 的 Message Queue 中。producer 可以选择同步、异步或单向方式发送消息，同步方式会阻塞等待 broker 的响应，异步方式不会阻塞等待 broker 的响应，单向方式不会等待 broker 的响应。

9.2.5 consumer

consumer 是消息的消费者，用于从 broker 中接收消息。当 consumer 向 broker 订阅 topic 时，broker 会将消息推送给 consumer，consumer 接收到消息后会处理。

重点：consumer 从 broker 中接收消息时，需要指定被消费的 topic 名称和 consumer 组，broker 将消息推送给 consumer，consumer 进行消息的消费处理。consumer 可以选择顺序消费或并发消费方式，顺序消费方式会按照消息的顺序进行消费，而并发消费方式会有多个 consumer 并行消费消息。

9.3 RocketMQ 的环境搭建

9.3.1 常见的部署方式

RocketMQ 支持多种集群部署方式，如表 9-3 所示。

表 9-3 RocketMQ 的常见部署方式

单机版	只有一个 name server 和一个 broker，适合测试和学习
主从版	有两个 name server 和两个 broker，其中一个 broker 为主结点，另一个为从结点，适合生产环境
双主版	有两个 name server 和两个 broker，都是主结点，适合高可用场景
双主双从版	有两个 name server 和四个 broker，每个主结点对应一个从结点，适合高性能场景

企业环境一般搭建主从版或双主双从版的 RocketMQ 集群，因为这些方式可以保证高可用和高性能。本章将以单机版为教学案例。

9.3.2 下载与配置

为了运行 RocketMQ,开发者需要准备一个 64 位的操作系统(官方推荐 Linux/UNIX/macOS),并安装 JDK 1.8 或更高版本。为了方便学习,本章将以 Linux 为主要教学环境。

RocketMQ 的安装包分为两种,即二进制包(推荐)和源码包。开发者可以访问 Apache RocketMQ 的官方网站获取相关内容。

1. 源码编译

要使用源码编译方式,开发者需要先安装 Maven 环境。然后,将 5.1.0 版本的源码包解压并编译生成可执行文件。

```
$unzip rocketmq-all-5.1.0-source-release.zip
$cd rocketmq-all-5.1.0-source-release/
$mvn -Prelease-all -DskipTests -Dspotbugs.skip=true clean install -U
$cd distribution/target/rocketmq-5.1.0/rocketmq-5.1.0
```

2. 启动 name server

在安装好 RocketMQ 包之后,开发者需要启动 name server。

Linux 环境下命令如下。

```
#启动 namesrv(前台,退出控制台即关闭)
$sh bin/mqnamesrv
#启动 namesrv(前台,退出控制台即关闭)
$sh bin/mqnamesrv
#启动 namesrv(后台)
$nohup sh bin/mqnamesrv &
#验证 namesrv 是否启动成功
$tail -f ~ /logs/rocketmqlogs/namesrv.log
The Name Server boot success...
```

Windows 环境下操作步骤如下。

(1) 配置系统环境变量(依次配置 JAVA_HOME、ROCKETMQ_HOME)。

右击“此电脑”,选择“属性”,单击左侧的“高级系统设置”选项卡。

在弹出的“系统属性”窗口中选择“高级”选项卡,然后单击“环境变量”按钮。

在弹出的“环境变量”窗口中,单击下方的“新建”按钮。

在弹出的“新建系统变量”窗口中,输入以下内容。

变量名:ROCKETMQ_HOME。

变量值:RocketMQ 安装目录(例如,C:\rocketmq-5.1.0)。

单击“确定”按钮保存。

(2) 进入 bin 目录,双击 mqnamesrv.cmd 或输入以下命令。

```
start bin\mqnamesrv.cmd
```

（3）当在控制台出现“The Name Server boot success. serializeType = JSON，address 0.0.0.0:9876”时即为启动成功。

3. 配置 name server

RocketMQ 的默认端口号是 9876，用户可以根据需要修改，如修改端口可以使用以下方法。

在 conf 文件夹下创建配置文件 namesrv.conf，并添加内容 listenPort = 9876。

在启动 RocketMQ 时添加参数，指定加载的配置文件，如下所示。

```
$nohup sh bin/mqnamesrv -c conf/namesrv.conf &
```

Windows 环境下命令如下。

```
start bin\mqnamesrv.cmd -c %ROCKETMQ_HOME%\conf\namesrv.conf
```

4. 启动 broker/proxy

name server 启动成功之后，接下来要启动 broker 和 proxy。在 5.x 版本中，推荐使用本地模式进行部署，也就是让 broker 和 proxy 在同一个进程中运行。当然，5.x 版本也支持将 broker 和 proxy 分开部署，以实现更灵活的集群能力。

RocketMQ proxy 是一种无状态代理层，它可以在客户端和 broker 之间代理请求和响应，提高消息传输的效率和可观察性。RocketMQ proxy 支持云上版本和开源版本的 RocketMQ SDK。

要启动 broker 并同时启用 proxy，可以使用以下代码。这种方式就是本地模式的部署方法。

```
#Linux 启动 broker
$nohup sh bin/mqbroker -n localhost:9876 -c conf/broker.conf --enable-
proxy &
#Windows 启动 broker(Windows 下 proxy 需单独启动)
>start bin\mqbroker.cmd -n localhost:9876 -c conf\broker.conf
```

至此已经成功部署了一个单结点副本的 RocketMQ 集群，现在开发者可以通过脚本实现简单的消息发送和接收。

5. 配置 broker/proxy

开发者可以在 conf/broker.conf 文件中做以下配置。

```
#broker 对外服务的监听 IP
brokerIP1 =0.0.0.0
```

listenPort 参数决定了 broker 的监听端口号，它由 remotingServer 服务组件使用，用来给 producer 和 consumer 提供服务，它的默认值是 10911。

```
#broker 对外服务的监听端口
listenPort=10911
```

fastListenPort 参数决定了 fastRemotingServer 服务组件的端口号，它的默认值是 listenPort 减去 2。

```
#主要用于 slave 同步 master
fastListenPort=10909
```

haListenPort 参数决定了 HAService 服务组件的端口号，用来实现 broker 的主从同步。它的默认值是 listenPort 减去 1。

```
#haService 中使用
haListenPort=10912
```

remotingServer 和 fastRemotingServer 有以下区别。

（1）Broker 端：remotingServer 能够处理客户端所有请求，包括 producer 发送消息和 consumer 拉取消息；fastRemotingServer 与 remotingServer 功能类似，但不能处理 consumer 拉取消息；broker 注册到 nameserver 时，只会报告 remotingServer 的 listenPort 端口。

（2）客户端：producer 发送消息默认请求 fastRemotingServer，也可以配置为请求 remotingServer；consumer 拉取消息只能请求 remotingServer。

6. 测试收发工具

在使用工具测试消息收发功能之前，需要设置客户端与 name server 的链接地址。RocketMQ 提供了多种方式来配置客户端的 name server 地址，这里采用环境变量 NAMESRV_ADDR 的方法。

Linux 系统的具体方法如下。

```
#定义环境变量 NAMESRV_ADDR
$export NAMESRV_ADDR=localhost:9876

#调用 producer
$sh bin/tools.sh org.apache.rocketmq.example.quickstart.Producer
SendResult [sendStatus=SEND_OK, msgId=...

#调用 consumer
$sh bin/tools.sh org.apache.rocketmq.example.quickstart.Consumer
ConsumeMessageThread_%d Receive New Messages: [MessageExt...
```

Windows 系统的具体方法如下。

```
#定义环境变量 NAMESRV_ADDR
>set NAMESRV_ADDR=localhost:9876
#调用 producer
>bin\tools.cmd org.apache.rocketmq.example.quickstart.Producer
  SendResult [sendStatus=SEND_OK, msgId=...

#定义环境变量 NAMESRV_ADDR
>set NAMESRV_ADDR=localhost:9876
#调用 consumer
>bin\tools.cmd org.apache.rocketmq.example.quickstart.Consumer
  ConsumeMessageThread_%d Receive New Messages: [MessageExt...
```

如果测试消息收发工具功能不正常，那么可以检查相关功能和配置是否启动成功。还要确认相关功能的 IP 和端口设置是否正确，如 broker 的 brokerIP1 默认是内网地址，开发者可能需要将其改成 0.0.0.0 或 127.0.0.1 等。

9.3.3 在 Docker 下的快速部署

开发者还可以利用 Docker 快速搭建 RocketMQ 环境。如果想详细了解搭建和使用 Docker 运行环境的方法，建议参考本书第 10 章。

1. 搜索/拉取镜像

```
#搜索镜像
$docker search rocketmq
#拉取镜像
$docker pull rocketmqinc/rocketmq
```

2. 配置/运行 name server

首先需要创建一个数据和日志目录。

```
mkdir -p /docker/rocketmq/nameserver/logs /docker/rocketmq/nameserver/store
```

然后运行以下命令启动容器。

```
docker run -d --restart=always --name rmqnamesrv --privileged=true -p
9876:9876
-v /docker/rocketmq/nameserver/logs:/root/logs -v /docker/rocketmq/
nameserver/store:/root/store -e "MAX_POSSIBLE_HEAP=100000000" rocketmqinc/
rocketmq sh mqnamesrv
```

请参考下面的参数说明。

- -d：以守护进程的方式启动容器。
- --restart=always：设置容器在 Docker 重启时自动重启。
- --name rmqnamesrv：将容器的名称设置为 rmqnamesrv。
- -p 9876:9876：将容器内部的 9876 号端口映射到宿主机的 9876 号端口。
- -v /docker/rocketmq/nameserver/logs:/root/logs：将容器内部的日志目录 /root/logs 挂载到宿主机的目录 /docker/rocketmq/nameserver/logs。
- -v /docker/rocketmq/nameserver/store：/root/stort：将容器内部的存储目录挂载到宿主机的目录 /docker/rocketmq/nameserver/store。rmqnamesrv 即容器的名称为 rmqnamesrv。
- -e "MAX_POSSIBLE_HEAP=100000000"：设置容器的最大堆内存为 100 000 000 字节。
- rocketmqinc/rocketmq：使用的 Docker 镜像名称为 rocketmqinc/rocketmq。
- sh mqnamesrv：启动 namesrv 服务。

3. 配置/运行 broker

和 name server 类似，首先需要创建 log 和 store 文件夹。

```
mkdir -p /docker/rocketmq/broker/logs /docker/rocketmq/broker/store
```

然后需要创建 broker 的配置文件，例如，broker.conf，并参考 9.3.2 节 broker/proxy 进行配置。如果配置文件路径为 /docker/rocketmq/broker/broker.conf，则可以执行以下命令。

```
docker run -d --restart=always --name rmqbroker --link rmqnamesrv:namesrv -p
10911:10911 -p 10909:10909 --privileged=true -v /docker/rocketmq/broker/logs:/
root/logs -v /docker/rocketmq/broker/store:/root/store -v /docker/rocketmq/
broker/broker.conf:/opt/docker/rocketmq/broker.conf -e "NAMESRV_ADDR=namesrv:
9876" -e "MAX_POSSIBLE_HEAP=200000000" rocketmqinc/rocketmq sh mqbroker -c /opt/
docker/rocketmq/broker.conf
```

参考下面的参数说明。

- -d：以守护进程的方式启动容器。
- --restart=always：设置容器在 Docker 重启时自动重启。
- --name rmqbroker：将容器的名称设置为 rmqbroker。
- --link rmqnamesrv:namesrv：与 rmqnamesrv 容器进行通信。
- -p 9876:9876：将容器内部的 9876 号端口映射到宿主机的 9876 号端口上。
- -p 10909:10909：将容器的 VIP 通道端口映射到宿主机的 10909 号端口上。
- -e "NAMESRV_ADDR=namesrv:9876"：指定 namesrv 的地址为本机 namesrv 的 IP 地址和 9876 号端口。

- -e "MAX_POSSIBLE_HEAP=200000000"：指定 broker 服务的最大堆内存。
- rocketmqinc/rocketmq：使用的镜像名称。
- sh mqbroker -c /opt/docker/rocketmq/broker.conf：指定配置文件启动 broker 结点。

通过 Docker，开发者可以方便地创建、启动、停止和删除 RocketMQ 容器，而无须手动安装和配置 RocketMQ。这种方式在开发、测试和部署 RocketMQ 时都非常方便。

RocketMQ 的使用方法

9.4 RocketMQ 的使用方法

Spring Cloud 可以通过 RocketMQ 实现分布式消息传递和异步通信。以下是接入 RocketMQ 的步骤。

1. 在 pom.xml 内添加 RocketMQ 依赖

在使用 RocketMQ 项目的 pom.xml 内引入 RocketMQ 依赖，示例代码如下。

```
<!--
https://mvnrepository.com/artifact/org.apache.rocketmq/rocketmq-client --
>
<dependency>
    <groupId>org.apache.rocketmq</groupId>
    <artifactId>rocketmq-client</artifactId>
    <version>5.0.0</version>
</dependency>
```

2. 配置 RocketMQ

在 application.properties（或 application.yml，需调整对应语法）内添加如下配置。

```
rocketmq:
  #访问地址
  name-server: your_namesrv_address
  #producer (生产者)
  producer:
    #指定发送者组名
    group: my-group
    #发送消息超时时间,单位为 ms。默认为 3000
    send-message-timeout: 3000
    #消息压缩阈值,当消息体的大小超过该阈值后,进行消息压缩。默认为 4×1024B
    compress-message-body-threshold: 4096
    #消息体的最大允许大小。默认为 4×1024×1024B
```

```
    max-message-size: 4194304
    #同步发送消息时的失败重试次数。默认为 2 次
    retry-times-when-send-failed: 2
    #异步发送消息时的失败重试次数。默认为 2 次
    retry-times-when-send-async-failed: 2
    #决定发送消息给 broker 时如果发送失败,是否重试另一台 broker。默认为 false
    retry-next-server: false
```

其中，my-group 为 producer 的默认组名，your_namesrv_address 为 RocketMQ 服务器地址，如 localhost:9876。开发者可以根据具体情况进行调整。

配置完成后，Spring 将会在启动时自动加载 RocketMQ 相关的 Bean。

3. 创建 producer

上文中提到，Spring 在启动时会自动加载 RocketMQ，因此开发者可以使用 RocketMQTemplate 发送消息。

此时，需要在 Spring 业务代码中添加如下依赖。

```
@Autowired
private RocketMQTemplate rocketMQTemplate;
```

然后在方法内调用以下代码发送一条简单消息。

```
rocketMQTemplate.convertAndSend("topicName", "some message");
```

现在已经成功将一个消息发送到了消息队列。除了 convertAndSend()方法，RocketMQTemplate 还有其他方法，接下来将逐一学习一些常用方法和代码实例。

4. 发送消息

RocketMQTemplate 提供了多个发送消息的方法，如 send()、syncSend()、asyncSend()、sendOneWay()等，下面是使用 send()方法发送消息的示例。

```
rocketMQTemplate.convertAndSend("topicName",message);
Message messages =MessageBuilder.withPayload(message)
            .setHeader("tags", "tagName").build();
rocketMQTemplate.send("sendMessage",messages);
```

在 RocketMQ 中，tag 是对消息的一种标记，用于在一个 topic 下进行消息过滤。在发送消息时，开发者可以指定一个或多个 tag，接收方也可以根据指定的 tag 筛选需要的消息。通过 tag，开发者可以方便地对消息进行分类和管理。

例如，一个电商网站可以将订单相关的消息都发送到一个 topic，并使用不同的 tag 区分不同的订单类型，如下单、付款、发货、退款等。这样，在处理消息时，就可以根据不同的 tag 处理不同的订单类型，从而提高处理消息的效率。

在 RocketMQ 中，tag 通常是一个字符串，长度不能超过 255 个字符。在发送消息时，开发者可以通过消息的 setHeader()方法设置 tag。在消费消息时，开发者可以通过配置 consumer 的 messageSelector 表达式过滤需要的 tag，只有消息的 tag 符合表达式要求，consumer 才能接收到该消息。如果不指定 tag，则其默认为“*”，即接收所有 tag 的消息。

需要注意的是，tag 只是对消息的一种标记，它并不具有强制的约束作用。发送方可以发送任何 tag 的消息，而接收方也可以选择不过滤任何 tag，或者使用不同的 tag 表示不同的含义。因此，在使用 tag 时，需要根据具体的场景合理地设计和使用。

开发者可以使用 RocketMQTemplate 的 syncSend()（同步发送）方法或 asyncSend()（异步发送）方法，为两个方法设置延迟时间参数 delayLevel 即可发送延迟消息，下面是一个发送延迟消息的方法定义。

```
/**
 * 与 syncSend(String,Message)相同,并另外指定了发送超时
 * @param destination `topicName:标记`
 * @param message 消息
 * @param timeout 发送超时(ms)
 * @param delayLevel 延迟消息的级别
 * @return
 */
public SendResult syncSend(String destination, Message<?>message,
long timeout, int delayLevel);
```

RocketMQ 默认提供了 18 个延迟级别(delayLevel)，如表 9-4 所示。

表 9-4　delayLevel 与延迟时间

delayLevel	延迟时间/s	delayLevel	延迟时间/s
1	1	10	360
2	5	11	420
3	10	12	480
4	30	13	540
5	60	14	600
6	120	15	1200
7	180	16	1800
8	240	17	3600
9	300	18	7200

RocketMQ 的延迟消息功能可以应用于多种场景，以下是一些常见的引用场景。

(1) 订单超时未支付提醒：在客户下单后，系统可以发送一条延迟消息，在订单超时

未支付前一定时间内提醒客户支付,以提高订单支付成功率。

(2) 物流信息查询提醒：在客户下单后,系统可以发送一条延迟消息,在一定时间后提醒客户查询物流信息。

(3) 任务调度：在任务执行前一定时间内发送延迟消息,用于提醒任务执行或者重新执行。

(4) 日程提醒：在日程开始前一定时间内,可以发送一条延迟消息提醒客户参加日程。

总之,延迟消息可以在许多需要时间控制的场景中应用,提高系统的灵活性和可用性。

开发者可以使用 RocketMQTemplate 的 syncSendOrderly()方法或 asyncSendOrderly()方法发送顺序消息,其需要传入一个 hashKey(MessageQueueSelector)参数,用于选择消息要发送到哪个消息队列,下面是一个发送顺序消息的示例。

```
Message message =MessageBuilder.withPayload("message").build();
rocketMQTemplate.syncSendOrderly("topic", message, "your order id");
```

发送顺序消息时使用 hashKey 可以保证同一个 hashKey 的消息被发送到同一个队列中,从而实现消息的顺序消费。具体来说,RocketMQ 会根据 hashKey 的值对队列进行哈希计算,然后将同一个 hashKey 的消息发送到同一个队列中,这样 consumer 就能够按照顺序消费到这些消息。

一般来说,hashKey 可以根据业务逻辑设置为相同的值,例如,订单 ID、客户 ID 等唯一标识符,这样可以保证同一个订单或同一个客户的消息被发送到同一个队列中,保证顺序消费。

顺序消息与普通消息的区别在于,顺序消息能够保证消息被消费的顺序,而普通消息则没有这个保证,consumer 可能会乱序消费消息。顺序消息相对于普通消息来说要求更高的系统性能和消息处理能力,因为要保证消息的有序性,需要对消息实现排序、分区、负载均衡等处理。

5. 创建 consumer

RocketMQ 创建 consumer 的流程一般包括以下几个步骤。

(1) 创建 consumer 组(consumer group)：多个 consumer 实例共同组成一个 consumer 组,每个 consumer 实例只会消费该组中一个分区(partition)的消息,确保同一分区的消息只被一个 consumer 实例消费,避免重复消费和消息乱序等问题。

(2) 订阅 topic 和 tags：consumer 需要明确消费哪个 topic 下的哪些 tag 的消息。

(3) 注册消息监听器(message listener)：consumer 需要注册一个消息监听器,实现该监听器的 onMessage() 方法,该方法会在收到消息时被调用。

(4) 启动 consumer 实例：consumer 启动后会向 name server 发送心跳,定时获取该 consumer 组下的订阅信息,当有新的消息到达时,consumer 就会被推送消息并进行消费。

(5) producer 组和 consumer 组在使用 RocketMQ 时是相互独立的，没有直接的关联关系。producer 组用于标识同一个应用程序下的多个 producer 实例，consumer 组用于标识同一个应用程序下的多个 consumer 实例。producer 组和 consumer 组之间并不需要一致。

(6) 在使用 RocketMQ 时，同一个 topic 下的消息可以被多个 consumer 组同时消费，也可以被同一个 consumer 组内的多个 consumer 实例共同消费。而 producer 组则用于区分不同的 producer 实例，以便进行负载均衡和故障切换。因此，producer 组和 consumer 组之间并没有必然的联系。

6. 消息监听器

首先需要创建一个消息监听器，例如，MyMessageListener，代码如下。

```
@Component
@RocketMQMessageListener(
        topic ="topic",
        consumerGroup ="test-group",
        selectorExpression ="*",
        messageModel =MessageModel.CLUSTERING
public class MyMessageListener implements RocketMQListener<String>{
    @Override
    public void onMessage(String message) {

    }
}
```

上述代码创建了一个 RocketMQ 消息监听器，指定了监听的 topic、consumerGroup、tag 和消息消费模式 messageModel。其中，消费模式有以下几种。

(1) clustering：集群消费模式，同一个 consumerGroup 内的每个 consumer 只消费部分消息，需要多个 consumer 协同工作。

(2) broadcasting：广播消费模式，同一个 consumerGroup 内的每个 consumer 都会消费到所有的消息，不需要协同工作。

默认情况下，消息消费模式为 clustering。根据实际需求选择合适的消费模式能够更好地满足业务需求。

在使用集群模式时，一个 consumer 组内的多个 consumer 实例可以共同消费同一个消息队列。这适用于需要在多台服务器上部署相同应用，并且需要水平扩展的场景。举例来说，假设有一个电商网站需要处理大量的订单，那么开发者可以将订单消息发送到一个集群队列中，然后启动多个相同的订单处理服务，这些服务将在 consumer 组内共同消费该队列的消息。

广播模式可以将消息发送到所有的 consumer 实例，每个 consumer 实例都会独立地消费消息。这适用于需要将消息同时发送给多个 consumer 实例的场景，如广告推送、系统通知等。举例来说,假设有一个即时通信应用需要将聊天消息发送给多个在线用户,那么开发者可以使用广播模式将消息发送到所有的 consumer 实例。

7. 消费顺序消息

在需要消费顺序消息时,开发者可以在@RocketMQMessageListener 注解内指定 consumeMode = ConsumeMode.ORDERLY,这样就可以接受顺序消息了。

开发者也可以通过不同的接口类(如 MessageListenerOrderly)接收顺序消息。

```
public interface MessageListenerOrderly extends MessageListener {
    /**
     * 消费顺序消息的回调方法
     * @param msgs 顺序消息集合,同一个队列的消息会被放到同一个集合中
     * @param context 消费者上下文对象,用于标识当前 consumer
     * @return 消息消费结果,如果消息处理成功,则返回 {@link
     ConsumeOrderlyStatus#SUCCESS}
     *      如果出现异常或处理失败,则返回 {@link
     ConsumeOrderlyStatus#SUSPEND_CURRENT_QUEUE_A_MOMENT}
     */
    ConsumeOrderlyStatus consumeMessage(List<MessageExt>msgs,
    ConsumeOrderlyContext context);
}
```

其中,msgs 表示同一个队列的顺序消息集合,context 表示 consumer 上下文对象,用于标识当前 consumer。方法的返回值为 ConsumeOrderlyStatus 枚举类型,表示消息消费结果,如果消息处理成功,则返回 SUCCESS,否则返回 SUSPEND_CURRENT_QUEUE_A_MOMENT。

在实现 consumeMessage 方法时,可以通过遍历 msgs 集合逐一处理消息。而 ConsumeOrderlyContext 则可以获取当前 consumer 所在的消息队列。

需要注意的是,对于顺序消息消费,开发者必须在同一个 consumer 组内使用同一个 consumer 实例进行消费,否则无法保证消息的顺序性。

9.5 RocketMQ 的内部原理

RocketMQ 的内部原理

9.5.1 RocketMQ 如何保证消息的可靠性和一致性

RocketMQ 保证消息可靠性和一致性的方法是通过主从同步、消息存储、消息消费确认和重试机制等多种方式实现的。

在主从同步中,RocketMQ 通过多个从结点备份主结点的数据保证消息的可靠性和高可用性。

在消息存储方面,RocketMQ 提供了支持快速随机读写的提交日志存储和支持持久

化的索引。

在消息消费确认方面，consumer 可以通过 Acknowledge API 显式地确认消费成功，如果未确认，消息将会在 broker 端重试。

9.5.2 RocketMQ 如何实现消息的事务性处理

RocketMQ 支持消息的事务性处理，可以将一组相关的消息作为一个事务单元进行处理。

在事务消息中，producer 将事务消息发送给 broker 后，需要等待 broker 的回应，然后再根据回应执行本地事务，最后再根据本地事务的执行结果提交或回滚消息。

在 RocketMQ 中，事务消息分为两种类型：预备消息和提交消息。预备消息会存储在事务消息的 producer 端，而提交消息会存储在事务消息的 consumer 端。如果本地事务执行成功，producer 会发送提交消息，否则发送回滚消息，保证事务性的执行。

9.5.3 RocketMQ 的消息存储如何优化

RocketMQ 的消息存储是通过快速随机读写的提交日志存储和支持持久化的索引来实现的。提交日志是一个顺序写入的日志文件，可以快速随机读写。索引是在消息存储时构建的，可以加速消息的查找和检索。通过这种方式，RocketMQ 可以实现高吞吐量、低延迟、高可靠性的消息存储和检索。

9.5.4 RocketMQ 如何处理消息重复和消息丢失

RocketMQ 处理消息重复和消息丢失的方式是通过消息的 ID 和重试机制实现的。

消息 ID 是由 producer 生成的唯一标识符，broker 会根据消息 ID 检测和过滤重复的消息。

在消息消费过程中，如果 consumer 没有显式确认消费成功，broker 会自动重试该消息，确保消息被消费。如果消息仍然未被消费成功，broker 会将该消息发送到死信队列(DLQ)，以避免消息丢失。

死信队列是指消息消费失败后被转移到的特殊队列，这些消息无法被正常消费，需要接受额外的处理。一种常见的处理方式是将其重新发送到原队列，让 consumer 再次尝试消费。

具体来说，系统可以通过以下步骤将死信消息重新发送到原队列。

(1) 从死信队列中获取需要重新发送的消息。

(2) 将消息的 topic 和 tag 设置为原来的值。

(3) 将消息发送到原队列。

需要注意的是，在重新发送前，系统需要检查消息的重试次数，避免消息一直在原队列中被循环消费。开发者可以通过设置消息的最大重试次数避免这种情况发生。

在 RocketMQ 中，开发者可以通过配置 consumer 的 maxReconsumeTimes 参数定义消息的最大重试次数。当消息被消费失败并被转移到死信队列后，开发者还可以通过

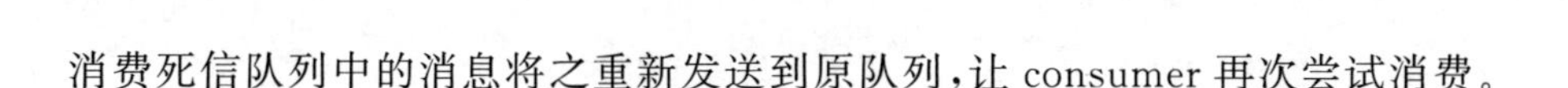

消费死信队列中的消息将之重新发送到原队列,让 consumer 再次尝试消费。

9.5.5 RocketMQ 的延时消息如何实现

RocketMQ 的延时消息是通过消息定时器实现的,而消息定时器是 RocketMQ 的一个核心模块。具体实现方式是将消息发送到 broker,broker 会先将消息存储在内存中,等到消息的延时时间到了再将其投递给 consumer。

在 RocketMQ 中,每个 broker 结点都会启动一个定时任务线程,这个线程会定期地检查消息是否到达了定时发送时间,如果到达就将消息发送出去。为了提高定时任务的精度和性能,RocketMQ 使用了两个定时器。

(1) HashedWheelTimer:用于处理延时消息,精度为 1s。HashedWheelTimer 使用了分层时间轮算法,每层时间轮的时间精度是上一层的 10 倍。

(2) Timer:用于处理定时任务,精度为 10ms。Timer 使用了 JDK 自带的定时任务机制。

使用这两个定时器,RocketMQ 可以在不影响消息传递速度的情况下提供高精度的延时消息发送功能。

第10章 chapter 10

微服务部署(Docker)

本章学习目标

- 了解 Docker 的基本概念和术语
- 学习 Docker 的使用场景
- 掌握 Docker 镜像的创建和使用方法
- 学习创建和管理 Docker 容器的方法
- 了解 Docker 网络和存储
- 学习使用 Docker 进行持续集成和持续部署的方法
- 掌握 Docker 安全技术
- 学习 Docker 的扩展和集群技术

本章准备工作

开发人员需要提前准备的开发环境和开发工具包括 IDEA、JDK 11+、Maven 3.0+、RocketMQ 5.1、MySQL 5.6.5+。

在开始学习 Docker 的时候，编者建议开发者选择并安装最新的稳定版 Docker Desktop。Docker Desktop 是一个在 macOS 和 Windows 上运行 Docker 的软件，它很容易被安装和使用，并且有一个漂亮的图形界面和一些易于被理解的工具。开发者可以在 Docker Desktop 中直接操作 Docker，也可以使用命令行管理 Docker 容器和镜像。

10.1 Docker 的基本概念

本节首先介绍 Docker 的一些基础词汇，如 Docker 镜像、容器、仓库。然后介绍安装和设置 Docker，以及使用 Docker 命令行工具的方法。

10.1.1 Docker与传统部署的对比

使用Docker部署服务与传统的Java直接部署有以下区别。

(1) 传统的Java直接部署需要手动配置服务器环境和安装软件，而使用Docker部署则可以通过Dockerfile定义环境和软件，让部署更加便捷和一致化。

(2) 使用Docker可以快速构建、分发和部署应用程序，而传统的Java直接部署则需要在每个服务器上手动部署应用程序，较为烦琐。

(3) Docker部署还可以实现服务的隔离，使每个服务都运行在一个独立的容器中，不会影响其他服务的运行，而传统的Java直接部署则可能会导致服务之间的冲突和干扰。

(4) Docker部署具有高度的可移植性和可扩展性，可以更快地部署和调整服务，但是开发者需要学习Docker的使用方法和理解容器的概念。传统的Java直接部署更为直接和简单，开发者无须了解Docker的相关知识，但是在部署大规模服务时会更为烦琐和耗时。

总的来说，使用Docker部署可以提高部署效率和可移植性，但需要一定的学习成本和使用成本；而传统的Java直接部署则更为直接和简单，但在大规模部署时可能会较为烦琐。

10.1.2 什么是Docker

在当今软件开发和运维领域中，Docker已经成为一个不可被忽略的技术。它可以帮助开发者和运维人员更好地管理和部署应用程序，提高软件开发和运维的效率。为了学习Docker，开发者需要了解Docker的基本概念和术语。

10.1.3 Docker镜像

Docker镜像是一个用来创建Docker容器的模板，它包含了应用程序的代码、运行环境、依赖项等。开发者可以将Docker镜像看作一个轻量级的虚拟机镜像。

打个比方，Docker像一个模板或者一幅蓝图。它包含了应用程序运行所需的全部文件、库及操作系统等环境，可以被用来创建一个运行环境，即容器。人们拿着蓝图可以建造多个房子，开发者也可以使用同一个Docker镜像创建多个相同的容器。

10.1.4 Docker容器

Docker容器是Docker镜像的运行实例，它可以在Docker引擎中独立运行。每个Docker容器都是相互隔离的，都有自己的文件系统、网络和进程空间。开发者可以将Docker容器看作一个轻量级的虚拟机实例。

人们可以将Docker容器想象为一个轻量级的虚拟机，因为它包含了应用程序的全部运行时环境。Docker容器基于Docker镜像创建，每个容器都是独立运行的。用户可以在Docker容器内运行应用程序，并且不会受到外部环境的影响。

10.1.5 Docker 仓库

Docker 仓库是一个用于存储和分享 Docker 镜像的集合。Docker Hub 是 Docker 官方维护的公共 Docker 仓库，开发者可以从 Docker Hub 上获取各种各样的 Docker 镜像。

这里可以把 Docker 仓库比作一个图书馆，图书馆里存放着很多书，Docker 仓库里存放着很多 Docker 镜像。Docker Hub 是目前最大的公共仓库之一，里面包含了数十万个镜像，用户可以通过 Docker Hub 获取需要的镜像。

10.1.6 Docker CLI

Docker CLI 是 Docker 的命令行接口工具，它可以帮助开发者管理 Docker 镜像和容器。开发者可以使用 Docker CLI 创建、运行、停止、删除和查看 Docker 容器，也可以使用它构建、推送和拉取 Docker 镜像。

Docker CLI 可以被看作一个控制台，在命令行输入相应的命令就可以管理 Docker 的各个组件。

10.1.7 Dockerfile

Dockerfile 是一个文本文件，它包含了一组指令以描述构建 Docker 镜像的方法。开发者可以使用 Dockerfile 定制 Docker 镜像，如安装特定的软件包、配置环境变量等。

Dockerfile 中的每个指令都是一步步构建镜像的指南。Dockerfile 可以包含从安装软件包到复制文件的一系列操作。

10.1.8 Docker 常用命令

1. docker version

用途：查看 Docker 版本信息。

2. docker info

用途：查看 Docker 系统信息。

3. docker images

用途：列出本地所有的 Docker 镜像。

4. docker search

用途：在 Docker Hub 中搜索镜像。

使用示例：输入“docker search <镜像名称>”即可在 Docker Hub 中搜索镜像，例如，docker search ubuntu。

5. docker pull

用途：从 Docker Hub 中下载镜像。

使用示例：输入“docker pull ＜镜像名称＞”即可从 Docker Hub 中下载镜像，例如，docker pull ubuntu。

6. docker run

用途：创建并启动一个新的 Docker 容器。

使用示例：输入“docker run ＜镜像名称＞”即可创建并启动一个新的 Docker 容器，例如，docker run -it ubuntu。

7. docker ps

用途：列出当前正在运行的 Docker 容器。

8. docker stop

用途：停止正在运行的 Docker 容器。

使用示例：输入“docker stop ＜容器 ID＞”即可停止正在运行的 Docker 容器，例如，docker stop my_container。

9. docker rm

用途：删除一个或多个 Docker 容器。

使用示例：输入“docker rm ＜容器 ID＞”即可删除一个 Docker 容器，例如，docker rm my_container。

10. docker rmi

用途：删除一个或多个 Docker 镜像。

使用示例：输入“docker rmi ＜镜像名称＞”即可删除一个 Docker 镜像，例如，docker rmi ubuntu。

这些命令是 Docker 常用的命令，学习和使用这些命令可以轻松地管理 Docker 容器和镜像。

Docker 命令后可以追加“-”或“--”及一个或多个字母选项以对命令进行参数配置，常见的选项如下。

- -d：以“后台”(detached)模式运行容器。
- -p：将容器内部的端口映射到主机上。
- -v：将主机上的目录或文件挂载到容器内部。
- -e：设置容器内的环境变量。
- -i：让容器的标准输入保持开启状态。
- -t：为容器分配一个虚拟的终端。

- --name：为容器指定一个名称。
- --rm：在容器退出时立即将之删除。
- --network：容器加入的网络模式。

例如，使用命令启动一个名为 my_container 的容器，并将宿主机的 8080 端口映射到容器的 80 端口上，如下所示。

```
docker run -d -p 8080:80 --name my_container nginx
```

在这个命令中，-d 表示以后台模式运行容器，-p 表示进行端口映射，--name 表示为容器指定名称，nginx 是要运行的镜像的名称。

10.1.9 总结

在谈到 Docker 时，可以把它比作一个“容器”。就像装货物的集装箱一样，Docker 容器包含了应用程序及其依赖项，其可以在任何地方快速、可靠地运行，被迅速创建、删除、复制和移动，从而使开发、测试和部署变得更加高效和可靠。

另外，Docker 还可以被比喻成一个“工具箱”。这个工具箱包含一些工具和材料，可以帮助人们在不同的计算机和操作系统上构建、运行和管理应用程序。例如，Docker 镜像就像一个工具箱中的工具，它包含了构建应用程序所需的所有材料，而 Docker 容器则像工具箱中的一个可用工具，可以在需要时被快速地拿出来使用。

总之，Docker 让人们能够快速、高效地构建、部署和管理应用程序，同时也让这些应用程序更加轻量化和可移植。

在 Spring Cloud 生态中，Docker 扮演着非常重要的角色。Docker 可以被看作是 Spring Cloud 应用程序的“运输工具”，它提供了一种便捷的方式将应用程序打包成镜像并在不同的环境中部署。同时，Docker 还可以帮助人们解决环境依赖问题，使应用程序更加易于被移植和部署。

另外，使用 Docker 还可以带来更高的灵活性、更快的部署速度、更好的容器化管理。例如，Docker 可以轻松地实现容器的水平扩展，以应对不同的流量峰值，同时还可以提供更好的容器管理和监控功能。

总之，Docker 在 Spring Cloud 生态中扮演着至关重要的角色，它为应用程序的构建、部署和管理提供了一种便捷的方式，使应用程序更加轻量化、可移植和易于管理。

10.2 Docker 的使用场景

学习 Docker 的使用场景，看看哪些应用可以用 Docker 来部署或者开发环境。然后学习在这些场景下使用 Docker 的技巧。

1. 程序的开发和测试

Docker 可以帮助开发者在不同的环境中轻松构建、运行和测试应用程序，同时也可以提供一致的开发和测试环境，避免因环境差异导致的问题。

在软件开发过程中，开发者经常需要部署多个测试环境以进行测试和调试。使用 Docker 可以使测试环境的部署变得非常快速和简单。开发者可以使用 Dockerfile 定义测试环境的配置，并在其中包含应用程序和其他依赖项。然后，使用 Docker Compose 等工具轻松地部署多个测试环境。

2. 应用程序的部署

Docker 可以将应用程序打包成镜像，并在不同的环境中部署，如物理机、虚拟机、云服务器等，这使得应用程序的部署更加简单、快速和可靠。

例如，开发一个网站应用，要将其部署到服务器上供用户访问。开发者可以使用 Docker 将应用打包成一个容器，包括所需的依赖项、运行环境等，然后在服务器上运行这个容器。这样可以保证应用在不同的环境中都能够运行，并且容器可以被快速地启动和停止。

3. 微服务的部署

Docker 可以为微服务架构提供便捷的部署和管理方式，将不同的服务打包成镜像并进行管理，可以快速地进行服务的部署、扩展和更新。

例如，在提交代码时，开发者可以使用 Docker Hub 和其他 CI/CD 工具将代码打包成 Docker 镜像，并将其部署到测试或生产环境中。这样可以确保应用程序在不同的环境中都能够正确地运行。

4. 多版本应用程序的部署

使用 Docker，开发者可以将不同版本的应用程序打包成镜像，并在同一台服务器上进行部署和管理，这可以避免应用程序版本之间的冲突和影响。

5. 容器化的开发环境

Docker 可以为开发者提供一个容器化的开发环境，开发者可以在容器中构建应用程序，同时还可以避免与主机系统环境的冲突。

总之，Docker 的使用场景非常广泛，它可以帮助开发者更加简单、快速、可靠地管理应用程序。

10.2.1 Docker 镜像的创建和使用

Docker 镜像
的创建和
使用

Docker 镜像是一个轻量级独立软件包，其中包含应用程序及其依赖的可执行文件。创建和使用 Docker 镜像是学习 Docker 的重点。

创建 Docker 镜像有两种方式：手动创建和自动创建。手动创建镜像需要先创建 Dockerfile 文件，然后使用 Docker 命令将其构建成镜像。自动创建镜像是将代码托管到 Git 仓库或者其他版本控制工具中，在代码更新时触发，自动构建镜像。

下面给出手动创建 Docker 镜像的示例。

1. 创建 Dockerfile

首先创建一个名为 Dockerfile 的文件，这里开发者既可以使用编辑器，也可以使用终端命令。

```
touch Dockerfile
```

2. 编写构建脚本

在 Dockerfile 中编写镜像的构建脚本，Dockerfile 的每行都是一条指令，用于指定构建镜像的步骤。下面是一个简单的 Java Web 应用程序的 Dockerfile 示例。

```
#使用 Java 11 镜像作为基础镜像
FROM openjdk:11-jdk-slim
#设置工作目录
WORKDIR /app
#将 jar 文件复制到镜像中
COPY target/myapp.jar myapp.jar
#暴露 8080 端口
EXPOSE 8080
#运行 Java 应用程序
CMD ["java", "-jar", "myapp.jar"]
```

3. 构建镜像

使用 docker build 命令将 Dockerfile 构建成镜像。

```
docker build -t myapp:1.0 .
```

其中，-t 参数指定镜像的名称和标签，名称和标签可以由冒号分隔，如“myapp:1.0.”表示 Dockerfile 所在的路径，也可以是 Dockerfile 的绝对路径。

4. 运行镜像

使用 docker run 命令运行镜像。

```
docker run -p 8080:8080 myapp:1.0
```

其中，-p 参数指定将容器的 8080 号端口映射到宿主机的 8080 号端口，“myapp:1.0”是镜像的名称和标签。

通过以上步骤就可以成功创建并运行一个简单的 Java Web 应用程序镜像。

其中，Dockerfile 的每行指令都有特定的含义。

- FROM：指定使用哪个基础镜像作为基础，这里使用了 openjdk:11-jdk-slim

镜像。

- WORKDIR：指定工作目录为/app，即在容器内创建/app 目录并切换到该目录。
- COPY：将宿主机中的 myapp.jar 文件复制到容器内的/app 目录下。
- EXPOSE：声明容器内部应用程序所监听的端口号，这里指定了 8080 号端口。
- CMD：指定容器启动时默认执行的命令或者应用程序。如果在启动容器时没有指定要运行的命令，那么 Docker 将默认执行 CMD 中指定的命令。

自动创建镜像通常是通过使用自动化构建工具实现的，例如，Docker Hub、GitHub Actions、GitLab CI/CD 等。这些工具可以自动检测代码仓库的变化，然后执行构建、测试、打包和推送镜像的操作。

在自动化构建过程中，开发者通常需要在 Dockerfile 中定义构建步骤和依赖关系。然后使用自动化构建工具执行，生成 Docker 镜像并将其推送到镜像仓库中。

使用自动化构建工具可以大大简化应用程序的部署和更新过程、提高生产效率，并减少人为错误的可能性。

10.2.2 创建和管理 Docker 容器

1. 创建 Docker 容器

使用 docker run 命令创建容器，该命令会从指定的镜像中创建并启动一个容器。例如，使用以下命令来创建一个名为 mycontainer 的容器。

```
docker run -d - name mycontainer nginx
```

这个命令创建了一个名为 mycontainer 的容器，该容器使用了 nginx 镜像，并且以后台模式运行。-d 选项表示要在后台运行容器。

2. 启动和停止 Docker 容器

开发者可以使用 docker start 和 docker stop 命令启动和停止容器。例如，使用以下命令来启动名为 mycontainer 的容器。

```
docker start mycontainer
```

使用以下命令停止名为 mycontainer 的容器。

```
docker stop mycontainer
```

3. 删除 Docker 容器

开发者可以使用 docker rm 命令删除容器。例如，使用以下命令删除名为 mycontainer 的容器。

```
docker rm mycontainer
```

4. 查看 Docker 容器

开发者可以使用 docker ps 命令查看当前正在运行的容器。例如，使用以下命令查看当前正在运行的所有容器。

```
docker ps
```

5. 进入 Docker 容器

开发者可以使用 docker exec 命令进入容器。例如，使用以下命令进入名为 mycontainer 的容器。

```
docker exec -it mycontainer /bin/bash
```

这个命令进入了名为 mycontainer 的容器，并且启动了一个新的 bash 终端。

10.2.3 Docker 网络和存储

1. 创建网络和数据卷

开发者可以使用 docker network 命令管理容器的网络，使用 docker volume 命令管理容器的存储。例如，使用以下命令创建一个名为 mynetwork 的网络。

```
docker network create mynetwork
```

使用以下命令创建一个名为 myvolume 的数据卷。

```
docker volume create myvolume
```

2. Docker 网络的应用

网络和存储是 Docker 容器非常重要的部分，它们可以让容器之间通信和共享数据。

假设一个 Web 应用程序需要运行在两个 Docker 容器中，一个容器运行应用程序的前端部分，另一个容器运行应用程序的后端部分。为了让这两个容器之间能够通信，开发者需要创建一个 Docker 网络，如上方的 network create 命令。

接下来，开发者可以分别运行前端和后端容器，并将它们加入刚刚创建的 Docker 网络中。使用以下命令来启动容器。

```
docker run -d --name frontend --network mynetwork myfrontendimage
docker run -d --name backend --network mynetwork mybackendimage
```

上面的命令使用--network 选项将容器加入 mynetwork 网络中,myfrontendimage 和 mybackendimage 分别是前端和后端 Docker 镜像。

现在,前端容器和后端容器之间可以通过 Docker 网络通信。例如,前端容器可以通过容器名称 backend 访问后端容器。

3. 创建数据卷

另外一个重要的 Docker 容器部分是存储。容器之间共享数据是很常见的需求,为了实现这个目标,Docker 提供了多种不同的存储选项。

其中一种存储选项是 Docker 数据卷。数据卷是容器内部的目录或文件,可以被映射到宿主机上的目录或文件。这样,容器内部对数据卷的修改会同时影响到宿主机上的目录或文件。这种数据卷的使用方式非常类似共享文件夹。

创建一个名为 myvolume 的 Docker 数据卷后,可以使用以下命令将该卷挂载到容器中。

```
docker run -d --name mycontainer -v myvolume:/path/to/mount myimage
```

这个命令会启动一个名为 mycontainer 的 Docker 容器,并将 myvolume 卷挂载到容器的/path/to/mount 目录下。当容器运行时,所有写入该目录的数据都将被存储到 myvolume 卷中。开发者可以在多个容器中使用同一个卷,从而共享数据并将数据持久化。

如果需要在容器中读取卷中的数据,则可以使用以下命令。

```
docker run --rm -v myvolume:/data alpine cat /data/myfile.txt
```

这个命令会启动一个名为 alpine 的 Docker 容器,并将 myvolume 卷挂载到容器的 /data 目录下。然后,容器会使用 cat 命令读取卷中的 myfile.txt 文件,并将其输出到终端。

4. 创建卷文件夹

除了使用 docker volume create 命令创建卷,开发者还可以直接创建文件夹并将其挂载到容器中,从而实现相同的效果。这种方式比创建 Docker 卷更加简单,因为开发者不需要运行任何 Docker 命令,只需使用文件系统的标准操作即可创建目录。但需要注意的是,如果开发者将主机上的文件夹直接挂载到容器中,那么这意味着容器对主机上的文件夹会有写入权限,这时开发者需要注意文件夹权限和容器安全性的问题。

首先,在宿主机上创建一个名为 my_volume 的目录。

```
$mkdir my_volume
```

接着,可以使用 docker run 命令创建一个容器,并将 my_volume 目录映射到容器内的 /data 目录。

```
$docker run -it -v $(pwd)/my_volume:/data ubuntu bash
```

这个命令会启动一个 Ubuntu 容器，并在容器中执行一个 bash 终端。-v 参数用于指定 Volume，其中 $(pwd)/my_volume 表示宿主机上的 my_volume 目录，/data 表示容器内的 /data 目录。这样，在容器内部的/data 目录就会被自动映射到宿主机上的 my_volume 目录。

在容器中，开发者可以将一些数据写入/data 目录中。

```
root@container:/#echo "Hello Docker Volume" >/data/test.txt
```

接着可以退出容器并使用 docker rm 命令删除该容器。

```
root@container:/#exit
$docker rm <container-id>
```

现在，开发者可以使用 docker run 命令再次创建一个容器，并将 my_volume 目录映射到容器内的/data 目录。

```
$docker run -it -v $(pwd)/my_volume:/data ubuntu bash
```

接着可以查看/data 目录，此时将发现 test.txt 文件仍然存在，并且文件内容与之前一致。

通过这个示例可以看到，使用卷可以将容器内的数据持久化到宿主机，并且可以实现多容器共享，这在实际开发中非常有用。

使用 Docker 进行持续集成和持续部署

10.2.4 使用 Docker 进行持续集成和持续部署

Docker 在持续集成和持续部署中扮演了重要的角色。它可以帮助开发者在开发、测试和部署过程中实现环境的一致性，从而提高应用的质量和可靠性。

使用 Docker 进行持续集成和持续部署需要以下步骤。

1. 编写 Dockerfile

首先，为应用程序编写 Dockerfile，该文件定义了应用程序所需的运行时环境和依赖项。通过 Dockerfile，开发者可以确保不同的环境运行应用程序时具有相同的配置和依赖项。

```
FROM openjdk:11-jdk-slim
WORKDIR /app
COPY target/myapp.jar /app/myapp.jar
CMD ["java", "-jar", "/app/myapp.jar"]
```

该 Dockerfile 使用 OpenJDK 11 作为基础镜像，将应用程序的 JAR 文件复制到容器中,并在容器启动时运行该 JAR 文件即可。如需指定其他创建镜像时的命令则可使用 RUN 命令,如下所示。

```
RUN ["可执行文件", "参数 1", "参数 2"]
#例如:
#RUN ["yum", "install", "wget"] 等价于 RUN yum install wget
```

2. 构建 Docker 镜像

使用 Dockerfile 构建 Docker 镜像,该镜像包含应用程序和其依赖项的完整运行时环境。此处需要可以使用 Docker 命令 docker build 构建镜像。

```
docker build -t myapp:1.0 .
```

该命令将使用 Dockerfile 构建名为 myapp 的镜像,版本为 1.0。

3. 将镜像推送到 Docker Hub

将 Docker 镜像推送到 Docker Hub 或其他 Docker 镜像仓库可以方便其他团队成员轻松地获取和使用该镜像。此处需要使用 docker push 命令将镜像推送到 Docker Hub。

```
docker login
docker tag myapp:1.0 username/myapp:1.0
docker push username/myapp:1.0
```

执行登录后,该命令会将 myapp:1.0 镜像重新打标签为 username/myapp:1.0,并将其推送到 Docker Hub。

如想使用该功能,应先注册 Docker Hub 账号。

4. 编写 CI/CD 脚本

编写 CI/CD 脚本可以将 Docker 镜像部署到生产环境。开发者可以使用 CI/CD 工具如 Jenkins、Travis CI、GitLab CI 等自动化该过程。

5. 部署 Docker 镜像

除了使用 Docker Hub,开发者还可以使用其他的 CI/CD 工具实现持续集成和持续部署。这些工具包括 Jenkins、GitLab CI、Travis CI、CircleCI 等,它们都可以和 Docker 集成。

以 Jenkins 为例,安装 Jenkins,并安装 Docker 插件:首先需要在服务器安装 Jenkins,并安装 Docker 插件,以便 Jenkins 可以利用 Docker 进行构建和部署。

配置 Jenkins 作业:在 Jenkins 上创建一个作业,该作业的配置应包括以下内容。

(1) 获取源代码:从源代码管理系统中获取源代码,并将其复制到 Jenkins 服务器的工作空间中。

（2）构建Docker镜像：使用Dockerfile构建Docker镜像。此时可以使用Jenkins的Pipeline功能自动化地构建。

（3）推送Docker镜像：将构建好的Docker镜像推送到Docker Hub或其他Docker仓库中。

（4）配置Docker容器：在部署环境中配置Docker容器，以便容器能够自动从Docker仓库中拉取最新的Docker镜像。

自动化部署：在Jenkins上创建一个部署作业，该作业会自动拉取最新的Docker镜像并将之部署到生产环境中。开发者可以使用Jenkins的Pipeline功能使部署过程自动化。

总之，使用Docker进行持续集成和持续部署可以提高开发和部署的效率，简化开发和部署的流程，并提高应用程序的可靠性和稳定性。

10.3 Docker安全

安全性对于Docker的使用者来说是一个重要的问题。以下是一些保护Docker系统和容器的措施。

1. 限制容器权限

开发者可以在Docker容器运行时限制其访问主机资源以保护系统安全。例如，可以在运行容器时使用--user标志限制容器的用户权限，从而避免容器对主机的攻击。

2. 使用Docker Secrets管理敏感信息

Docker Secrets是一种安全地存储和管理敏感信息（如数据库密码和API密钥）的方法。它将密钥存储在Docker Swarm集群的加密存储区域中，只有授权的服务可以访问这些密钥。

3. 使用容器编排工具进行安全管理

容器编排工具（如Docker Compose、Kubernetes和Docker Swarm）可以帮助管理员对Docker环境进行安全管理。它们可以自动部署、更新和扩展容器，并提供强大的安全特性（如容器隔离、访问控制和密钥管理）。

4. 定期更新Docker镜像和容器

Docker镜像和容器中的漏洞可能会被利用来攻击主机或网络。因此，编者建议管理员定期更新Docker镜像和容器，以保证安全性。

5. 使用安全的基础镜像

选择一个安全的基础镜像是非常重要的。Docker Hub提供了很多官方和非官方的基础镜像，编者建议使用官方的基础镜像，它们经过了更严格的安全测试和审查。

总之，Docker 安全非常重要，开发者需要采取一些措施保护 Docker 系统和容器，避免出现安全问题。

10.4 Docker 的扩展和集群化

Docker 的扩展和集群化是大规模应用场景下的必要需求，它们可以提供高可用性、负载均衡、弹性伸缩等功能。常见的 Docker 容器编排工具有 Docker Swarm 和 Kubernetes。

Docker Swarm 是 Docker 官方提供的容器编排工具，它是一种比较简单的解决方案，适用于小规模集群，可以用于容器的部署、调度、负载均衡、容错等方面。Docker Swarm 采用了类似 Raft 协议的分布式一致性算法，保证了高可用性和一致性。使用 Docker Swarm 可以方便地部署容器、管理服务和调度资源，提高应用的可伸缩性和容错性。

Kubernetes（简称 K8s，8 代表中间的 8 个字符）是 Google 开源的容器编排系统，也是目前应用最广泛的容器编排工具之一。它提供了完整的编排和管理容器功能，包括容器部署、伸缩、负载均衡、容错、滚动升级等。Kubernetes 采用了强一致性算法和多副本存储的架构，能够保证高可用性和一致性。强大的功能和灵活性使 Kubernetes 成为云原生应用的标准化部署和管理平台。

水平扩展也是 Docker 很重要的功能。水平扩展指的是在负载变大时，增加实例数量以实现负载均衡的目的。Docker Swarm 和 Kubernetes 都支持水平扩展功能，可以自动伸缩容器实例的数量，实现应用的高可用和负载均衡。Docker Swarm 和 Kubernetes 也支持自动恢复故障容器的功能，以保证应用的高可靠性。

下文将着重介绍 Kubernetes。

Kubernetes 可以轻松管理数千个容器化应用程序，并自动处理容器的部署、网络、存储和安全等方面。

Kubernetes 能够管理和协调多个容器，确保它们不会堵塞，让应用程序可以平稳地运行。它需要了解每个容器的状态和服务，以便决定何时创建、删除或替换容器，以实现高可用性和可伸缩性。

Kubernetes 可以运行在任何云计算环境中，如公共云、私有云、混合云，也可以在本地数据中心中运行。它具有高可用性、可扩展性和灵活性等特点，可以支持从小型应用程序到大型分布式应用程序等各种应用规模。

Kubernetes 提供了许多重要功能，如自动部署、自动伸缩、自动恢复和自动负载均衡等，使开发者和运维人员可以更加轻松地管理容器应用程序的生命周期。

Kubernetes 中的主要概念如下。

（1）Pod：Kubernetes 最小的部署单元，可以包含一个或多个容器，这些容器可以共享网络和存储资源。

（2）ReplicaSet：用于管理 Pod 的副本数，并可根据需要自动扩展或收缩 Pod 的数量。

（3）Service：为一组 Pod 提供网络，实现负载均衡和服务发现等功能。

（4）Deployment：用于管理应用程序的部署，可以自动升级应用程序的版本，也可以将程序回滚到之前的版本。

（5）Namespace：用于将 Kubernetes 中的资源划分为不同的逻辑分组，以便进行访问控制和资源管理等。

学习 Kubernetes 需要掌握相关的概念、架构和工具，了解 Kubernetes 的使用方法和最佳实践。同时需要熟悉容器技术和云计算基础知识，以便更好地理解 Kubernetes 的实现原理和使用场景。

Kubernetes 可以使用多种类型的容器，包括 Docker、rkt、CRI-O 和 containerd 等。其中，Docker 是 Kubernetes 最常用的容器类型。Kubernetes 通过 CRI（container runtime interface）规范与容器交互，从而支持多种容器。因此，Kubernetes 可以很容易地在不同的容器之间切换。

需要注意的是，安装 Kubernetes 平台需要大量计算机资源，安装一个最小的 Kubernetes 集群需要至少两台计算机，其中一台为主结点，另一台为工作结点。

以下是在 Kubernetes 环境下构建一个 Docker 镜像的基本步骤。

（1）准备 Dockerfile 文件。首先需要编写 Dockerfile 文件，该文件用于描述镜像的构建过程和所需的软件包、配置等。

（2）构建 Docker 镜像。使用 docker build 命令根据 Dockerfile 文件构建 Docker 镜像。

（3）配置 Kubernetes。在 Kubernetes 中创建 Deployment 或 StatefulSet，定义容器运行的副本数、容器镜像、容器端口等信息。同时，需要创建 Service 以公开访问容器。

（4）部署容器。使用 kubectl apply 命令部署容器并启动服务。

（5）监控和调试。使用 Kubernetes 提供的工具监控容器运行状态、调试容器中的问题等。

在实际操作中，开发者可能还需要使用其他工具构建、管理 Docker 镜像和 Kubernetes 集群，如使用 Docker Compose 管理多个 Docker 容器的编排、使用 Helm 管理 Kubernetes 应用程序的部署等。